THE LIVING LEGEND

Die Geschichte von Harley-Davidson

Johnny Leyla

THE LIVING LEGEND

Die Geschichte von Harley-Davidson

© KOMET Verlag GmbH, Köln

www.komet-verlag.de

Bildquellen: Harley-Davidson, Frank Ratering, Jürgen Mainx, Walz Hardcore Cycles, Thunderbike, Thorsten Ohrendt, Horst Rösler HRF Fotografie

Gesamtherstellung: KOMET Verlag GmbH, Köln

Produktion: Hans-Joachim Schneider, Köln

ISBN 978-3-89836-896-4

Inhalt

Für Petra

Ohne ihren beherzten Einsatz wäre dieses Buch gar nicht entstanden.

Vorwort

Was macht eigentlich eine Motorradmarke zur Legende? Was macht den Mythos aus, der sich um Harley-Davidson rankt? Was Anfang des vergangenen Jahrhunderts in einem schlichten Holzschuppen begann, hat sich in wenig mehr als 100 Jahren zu einer weltumspannenden Company entwickelt, die heute jedem Biker ein Begriff ist. Ohne jeden Zweifel genießt der Motorradhersteller aus Milwaukee den höchsten Bekanntheitsgrad in der gesamten Branche.

Für manche Menschen dreht sich ein Großteil ihres Lebens um ihre „Harley". Andere haben sich ganz dem „Customizing" verschrieben, das heißt, sie beschäftigen sich ausschließlich mit der Veredelung oder gar mit dem Aufbau komplett neuer Motorräder auf der Basis von Originalteilen. Gerade diese Gruppe ist inzwischen so bedeutsam geworden, dass wir ihr in diesem Buch ein eigenes Kapitel widmen.

Alle diese Menschen teilen auf ihre Weise dieselbe Faszination. Mit diesem Buch möchten wir Sie mitnehmen auf eine Zeitreise und den Versuch wagen, Ihnen einen Teil der Begeisterung zu vermitteln, die den Mythos Harley-Davidson nährt und am Leben hält. Am Ende der Lektüre werden Sie vielleicht verstehen, warum man zwischen „Harleys" und Motorrädern unterscheidet …

An dieser Stelle möchten wir uns für die Mitarbeit und den Einsatz all jener bedanken, die uns bei diesem Projekt unterstützt haben. Einen ganz besonderen Dank richten wir an Peter Schulz, der uns zu jeder Zeit mit seiner fachlichen Kompetenz in Sachen Harley-Davidson zur Seite stand.

Mit freundlichen Bikergrüßen

Johnny Leyla

Links: Der legendäre Holzschuppen in Milwaukee, in dem 1903 alles beginnt

Unten: Eines der ersten Harley-Davidson-Einzylindermodelle

Harley-Davidson –
The Beginning of a never-ending Story

Zu Anfang des vorigen Jahrhunderts befindet sich die gesamte westliche Welt im Umbruch. Mitten in der Zeit der industriellen Revolution überschlagen sich die Meldungen über neue technische Errungenschaften und Erfindungen.

Gerade Amerika wird in dieser Zeit seinem Ruf als Land der unbegrenzten Möglichkeiten gerecht, in dem ein jeder den Aufstieg vom sprichwörtlichen Tellerwäscher zum Millionär vollbringen kann. So werden in Zukunft die Gemüsekonserve, die Schreibmaschine oder das Telefon die Welt für immer verändern. Nietzsche, Freud, Planck, Röntgen und Sauerbruch werden mit ihren Erkenntnissen der Wissenschaft bahnbrechende Impulse verleihen.

Wir schreiben das Jahr 1903, als den Brüdern Wilbur und Orville Wright der erste kontrollierte Motorflug von stolzen 59 Sekunden gelingt. Zu dieser Zeit legen Henry Ford, David Buick und James Packard die Grundsteine für ihre Unternehmen, die heute jedem ein fester Begriff sein dürften.

Es ist ebenfalls in diesem magischen Jahr, als sich der 21-jährige William „Bill" Harley (1880–1943) und der 20-jährige Arthur Davidson (1881–1950) in einen Holzschuppen zurückziehen, um ein motorisiertes Zweirad zu bauen. Genau genommen haben die beiden Tüftler bereits zwei Jahre zuvor mit der Entwicklung angefangen. Aber erst nachdem man im April 1903 Arthurs Bruder Walter Davidson (1876–1942) für dieses Projekt gewinnen kann, wird aus der anfänglichen Tüftelei die ernstzunehmende Konstruktion eines serientauglichen Motorrades. Hauptberuflich ist Arthur Modellschreiner, Bill technischer Zeichner und Walter Eisenbahn-Maschinist, sodass das Trio vorerst nur in der knappen Freizeit an seinem Projekt arbeiten kann.

Versuchen Sie doch einmal, sich in diese Zeit zurückzuversetzen: in eine Zeit, als Pferdefuhrwerke noch das Straßenbild – sofern man überhaupt von Straßen sprechen konnte – beherrschten. Stellen Sie sich die Bretterbude von nicht einmal zwölf Quadratmetern Grundfläche auf dem elterlichen Grundstück der Da-

Der erste Einzylindermotor entstand nach dem Prinzip des De-Dion-Bouton-Motors.

unsere Kinder heute bereits in der Grundschule vermittelt bekommen, wie ein Verbrennungsmotor funktioniert und wie sich die dadurch gewonnene Energie in Vorschub umsetzen lässt.

Als die drei sich vor über 100 Jahren allabendlich in ihren Holzschuppen zurückzogen, betraten sie dagegen absolutes Neuland. Bedenkt man jetzt noch, dass die geregelte 40-Stunden-Arbeitswoche damals längst noch nicht üblich war und die zur Verfügung stehende Freizeit damit deutlich knapper gewesen sein dürfte, kann man erahnen, welchen Kraftakt und welche Höchstleistung die drei seinerzeit in Handwerk und Konstruktion vollbracht haben. Oder kennen Sie etwa einen jungen Mann, der dazu im Stande wäre, in seinem Hobbykeller aus dem Nichts ein fahrtaugliches Motorrad auf die Räder zu stellen? Selbst wenn sich dieser das dazu notwendige Know-how ergoogeln könnte, stünde er immer noch vor einer enormen Herausforderung.

Das Dreigestirn aus Milwaukee baute nun unter genau diesen Bedingungen bis zum Ende des Gründungsjahrs ganze drei Maschinen. Der Motor der ersten Harleys hat einen Zylinder mit 400 Kubikzentimetern Hubraum und leistet knappe 3 PS. Er verfügt über ein atmosphärisch gesteuertes Einlassventil, das sogenannte Schnüffelventil. Die Kraft wird mittels Riemenantrieb direkt an das Hinterrad übertragen. Das Erstlingswerk verfügt weder über eine Kupplung noch über ein Getriebe oder irgendeine Federung. Dass der Rahmen deutliche Parallelen zu einem ganz gewöhnlichen Fahrrad aufweist, ist keineswegs ein Zufall.

Eines der ersten Modelle, das in dem Bretterverschlag entsteht, erwirbt Henry Meyer aus Milwaukee, ein Schulfreund von William und Arthur, direkt von den Erbauern. Ein weiteres Exemplar geht an

vidsons in der 38. Straße, Ecke Highland Avenue in Milwaukee, Wisconsin, vor, an deren Türe mit schnellen Pinselstrichen der zukünftige Name einer Company gepinselt worden war, die später einmal jedes Kind kennen würde. Die Hütte dürfte verhältnismäßig spärlich ausgestattet und mit Werkstätten, wie wir sie aus der Gegenwart kennen, wohl kaum zu vergleichen gewesen sein. Heute findet sich fast schon in jeder Wellblechgarage eine Steckdose. Bohrmaschinen und Winkelschleifer sind in nahezu jedem Haushalt eine Selbstverständlichkeit und eine halbwegs brauchbare Dreh- und Fräsbank bekommt man mittlerweile im Baumarkt an der Ecke. Ganz zu schweigen von der Werkzeugausstattung eines durchschnittlichen neuzeitigen Hobbykellers, dürfte die Einrichtung dieses Holzverschlages nur wenig von all dem vorzuweisen gehabt haben. Sie sollten ebenfalls bedenken, dass

Bereits 1905 beziehen die Jungunternehmer ein neues Gebäude in der Chestnut Street.

die Firma C.H. Lang aus Chicago. Carl Hermann Lang (1866–1944) erwirbt drei Fahrzeuge von den fünfen, die 1905 fertiggestellt worden sind, und gründet das erste Harley-Davidson Dealership.

Von Anfang an gelten die Maschinen im Vergleich zu den Produkten der Konkurrenz als besonders zuverlässig. Nicht zuletzt dadurch steigt die Nachfrage nach einer Harley-Davidson im Land der scheinbar unendlichen Weiten stetig. Bereits 1904 wird der idyllische Holzschuppen zu klein, um das Auftragsvolumen abdecken zu können, und die Grundfläche wird verdoppelt. In diesem Jahr werden bereits stolze sechs Modelle gefertigt und verkauft.

Für den farblichen Anstrich ist in den Anfangstagen Bills Tante Janet Harley verantwortlich. In klassi-

schen goldfarbenen Lettern malt sie von Hand die beiden Namen der Firmengründer auf den pianoschwarzen Tank der Motorräder. Bereits 1905 platzt der vergrößerte Holzschuppen aus allen Nähten und die Jungunternehmer ziehen mit ihrer kleinen Firma in die 27. Straße, Ecke Chestnut Street in ein zweigeschossiges Holzgebäude mit 200 Quadratmetern Grundfläche.

Das Geld für den Umzug leihen sich die drei von einem Verwandten. Im selben Jahr wird bereits ein erster Vollzeitmitarbeiter eingestellt. Kontinuierlich entwickeln die drei Tüftler das Motorrad systematisch weiter. So konstruiert Bill Harley eine Springergabel, um das Vorderrad abzufedern. Zudem bekommen die Maschinen nun einen Spannriemen-Mechanismus, der wie eine Kupplung wirkt. Die ste-

1907 wird die „Harley-Davidson Motor Co. Inc." in das Firmenregister von Wisconsin eingetragen: Arthur Davidson, Walter Davidson, William S. Harley und William A. Davidson (v.l.n.r.).

tige Weiterentwicklung und Optimierung ihrer Maschinen zahlt sich aus und der Erfolg lässt nicht lange auf sich warten: Am 4. Juli 1905 gewinnt eine Harley-Davidson das 15-Meilen-Rennen in Chicago.

Nach und nach geben die Unternehmer ihre alten Berufe auf, um sich voll und ganz auf den eigenen Betrieb konzentrieren zu können. Bill Harley beginnt sogar mit dem Studium der Ingenieurwissenschaften, um seine Kenntnisse im Maschinenbau zu erweitern.

1906 beschließt man, die Maschine in einem Grauton anzubieten. Da eine Harley-Davidson für damalige Verhältnisse recht geräuscharm läuft, spricht man bald schon nur noch von der „Silent Grey Fellow" (leiser grauer Kamerad). Dieser werbewirksame Spitzname begleitet das Modell bis heute. Auch in

Sachen Werbung sind die Jungunternehmer ihrer Zeit weit voraus. Bereits 1906 erscheint der erste Harley-Davidson-Motorradprospekt. Die Firma wächst unaufhaltsam und ein erneuter Umzug lässt sich nicht vermeiden. Eine neue, größere Fabrik entsteht in der Chestnut Street, die später in Juneau Avenue umbenannt wird. Inzwischen beschäftigt Harley-Davidson fünf Vollzeitmitarbeiter.

1907 überreden die drei Firmengründer den dritten Davidson-Bruder, in das Unternehmen einzusteigen. Der Werkzeugmacher William hängt seinen Job bei der Milwaukee-Road-Eisenbahn an den Nagel und bringt sein Know-how fortan in das Unternehmen ein. Zahlreiche Erfolge im Rennsport werden in der Folgezeit den Bekanntheitsgrad der Einzylinder-Harley-Davidson enorm steigern.

Harleys haben schon bald den Ruf eines verlässlichen Begleiters.

1907 beschäftigt Harley-Davidson bereits 18 Mitarbeiter, die in diesem Jahr 150 Motorräder produzieren. Die vier führenden Köpfe entscheiden sich, das Unternehmen in eine Kapitalgesellschaft umzuwandeln. Am 17. September 1907 wird die „Harley-Davidson Motor Company Incorporated" in das Handelsregister eingetragen. Weiterhin kann Harley-Davidson auf den unterschiedlichen Rennveranstaltungen überragende Erfolge einfahren. 1908 startet Walter Davidson auf seinem Einzylinder bei einem Langstreckenrennen in New York. Trotz schwieriger Wegstrecken mit steilen Abfahrten, holprigen Pisten und Passagen, bei denen er bis zu 80 Stundenkilometer erreicht, erzielt er die bis dahin noch nie eingefahrene Wertung von 1000 Punkten. In der darauffolgenden Woche tritt er mit der gleichen Maschine beim „Economy Run" in Long Island an.

Auch diesen Verbrauchswettbewerb können Mann und Maschine mit einem durchschnittlichen Verbrauch von nur 1,4 Litern auf 100 Kilometern für sich entscheiden.

Diese Erfolge bleiben natürlich nicht unbeachtet und schon bald wird auch die Polizei auf die Maschinen aus Milwaukee aufmerksam. Bereits 1908 liefert die Motor-Company das erste Bike an das Police Department Detroit, Michigan, aus.

Der Erfolg schreitet unaufhaltsam voran. 1909 beschäftigt man schon 35 Angestellte, die in der erneut vergrößerten Fabrik eine Jahresproduktion von 1149 Motorrädern erreichen. Im selben Jahr bietet Harley-Davidson erstmals werkseitig Ersatzteile an, was zu dieser Zeit keineswegs selbstverständlich ist.

Harleys V-Twin kommt nicht nur bei großen Kindern gut an.

Der erste V-Twin

Deutlich spektakulärer ist jedoch die Tatsache zu bewerten, dass nahezu zeitgleich ein neues Motorrad das Werk verlässt. Die „61" wird nach ihrem Hubraum von 61 Cubic Inch benannt. Sie ist die erste Harley-Davidson mit einem 45-Grad-V2-Motor. Genau dieses Motorenprinzip sollte die nächsten 100 Jahre charakteristisch für die Bikes aus Milwaukee sein. Der neue V2 wird vorerst mit derselben Technik ausgestattet wie der Einzylinder. Schon bald nach seiner Premiere wird der Motor wahlweise auch mit 870 Kubikzentimetern oder 1000 Kubikzentimetern angeboten. Auch diese Modelle werden sich innerhalb kürzester Zeit zu Verkaufsschlagern entwickeln. Bill Harley hat inzwischen sein Ingenieurstudium abgeschlossen und arbeitet unermüdlich an der technischen Weiterentwicklung der Maschinen.

In dieser Zeit wird das Erscheinungsbild der Motorräder geändert. 1910 erscheint erstmals das „Bar-and-Shield"-Zeichen auf Harley-Davidson-Produkten. Dieses wappenähnliche Logo wird sich in den nächsten 100 Jahren zu einem der bekanntesten

Links: 1909 präsentiert man den ersten 45-Grad-V-Twin.

Die zweite Generation der V-Twins verfügt schon über eine Wechselsteuerung.

Markenzeichen der Welt entwickeln. Das Engagement im Rennsport beschert der Company im Jahr 1910 nicht weniger als sieben Siege.

Bereits ein Jahr später können die „Big Twins" mit zahlreichen Features aufwarten. Sie verfügen nun unter anderem über einen Kettenantrieb und mechanisch gesteuerte Einlassventile.

Der Motorradmarkt ist inzwischen hart umkämpft, aber Harley-Davidson kann mit seinen Modellen selbst mit dem Marktführer Indian mithalten. Die sogenannten „F-Heads" werden zu Allroundern und Arbeitstieren unter den Harley-Davidson-Modellen. Mit ihnen steigt die Jahresproduktion auf 5625 Motorräder an.

Mit den höheren Stückzahlen werden die Produktionsstätten erneut zu eng. 1911 wird deshalb mit dem Bau an einer neuen, sechsstöckigen Fabrik in der Juneau Avenue begonnen. In diesem neuen Gebäudetrakt wird auch das Headquarter unterge-

bracht und gleich nebenan sogar ein separates „Parts and Development Center" errichtet.

In den Jahren 1912 und 1913 wird das Exportgeschäft massiv vorangetrieben. So beschließen die Firmengründer, ihre Produkte auch nach Europa und Japan zu exportieren. In Großbritannien wird die erste europäische Niederlassung eröffnet. Darüber hinaus beschließt man, sich fortan noch stärker im Motorsport zu engagieren. Zu diesem Zweck richtet William Harley eine eigene Rennabteilung ein und ernennt Bill Ottaway zum Assistant Engineer.

Dirt-Track-Races auf unbefestigten, zumeist sandigen Pisten und Board-Track-Rennen auf einem Rundkurs aus einfachen Brettern gehören in dieser Zeit zu den Publikumsmagneten, bei denen sich die bereits damals vom Motorsport begeisterte amerikanische Bevölkerung am Wochenende die Zeit vertreibt. Ottaway fährt für die Company auf diesen Veranstaltungen zahlreiche Siege ein. Diese Erfolge kurbeln nicht nur den Verkauf weiter an, sondern sorgen auch für zahlreiche Verbesserungen an den Serienmodellen. Der von Anfang an garantierte Qualitätsanspruch steht bei den Tüftlern damit weiterhin hoch im Kurs. Als erneuter Beweis dafür vermeldet die Company in diesen Tagen voller Stolz, dass die erste Harley mit ihrem fünften Besitzer insgesamt bereits 100.000 Meilen zurückgelegt hat. Trotz dieser für damalige Verhältnisse gigantischen Distanz sind bis dahin keinerlei nennenswerte Probleme aufgetreten und der Motor läuft sogar noch in den ersten Lagern.

1911 beginnen die Bauarbeiten für ein neues Fabrikgebäude in der Juneau Avenue, 1912 sind bereits deutliche Fortschritte erkennbar.

1914 werden die ersten Harleys mit Beiwagen angeboten.

Harley und der Erste Weltkrieg

In Europa bricht der Erste Weltkrieg aus, was sich auf das erhoffte Exportgeschäft zunächst negativ auswirkt. Währenddessen werden 1914 erstmals Motorräder mit Beiwagen vorgestellt. Ebenso wird ein neues Zweiganggetriebe angeboten, welches in den Naben der „10 F"-Modelle untergebracht ist. Zudem verkündet man offiziell den werksseitigen Einstieg in den Rennsport. Innerhalb weniger Jahre erkämpft sich das Rennteam seinen Namen als nahezu unschlagbare „Wrecking Crew". Bereits 1915 muss das Zweiganggetriebe einer Version mit drei Gängen weichen. Im darauffolgenden Jahr erscheint erstmals „The Enthusiast", ein Magazin, das von der Company eigens für Harley-Davidson-Fahrer aufgelegt wird. Auf den Rennstrecken kann der neue „Eight-Valve Racer" erste Erfolge einfahren und bis zum Beginn der Zwanziger wird er die National Championships dominieren.

Dass Motorräder für die moderne Kriegsführung enorm wichtig sind, hat man bei Harley-Davidson bereits beim Ausbruch des Ersten Weltkriegs erkannt. Schon bald wird ein großer Teil der Produktion auf Motorräder für die Army umgestellt.

Obwohl die USA nur ein Jahr lang in das Kriegsgeschehen eingreifen, verlässt 1917 bereits jedes dritte Bike das Werk als Militärmaschine. 1918 ist es schon jedes zweite. Um die Mechaniker der Army zu schulen, eröffnet die Company die Quartermasters School. Später wird diese Einrichtung zur Service School für zivile Mechaniker. Insgesamt ordert die US Army während der Kriegsjahre rund 20.000 Motorräder bei den amerikanischen Herstellern, einen Großteil davon bei Harley-Davidson.

Eines der bekanntesten Fotos aus jenen Tagen ist nur einen Tag nach Kriegsende aufgenommen worden. Es zeigt Corporal Roy Holtz aus Chippewa Falls, wie er als erster Soldat der US-Streitkräfte nach Deutschland einfährt. Diese historische Fahrt unternahm er natürlich auf einer Harley-Davidson. Bei der

The first Yank and Harley to enter Germany. 11/17/18

Corporal Roy Holtz fährt im November 1918 als erster Amerikaner auf einer Harley nach Deutschland ein.

Betrachtung des Bildes fällt auf, mit welch erstaunten Blicken der Motorradfahrer bedacht wird.

Kurz vor Beginn der Goldenen Zwanziger müssen die Produktionsstätten erneut vergrößert werden. Das klar definierte Ziel der Company, schon bald die Nummer eins unter den US-Herstellern zu sein, ließ sich nur so bewerkstelligen. Mit 28.980 verkauften Motorrädern und über 2000 Mitarbeitern gelingt dies bereits 1920. Darüber hinaus avanciert Harley-Davidson angesichts dieser Zahlen nur 17 Jahre nach der Unternehmensgründung zum größten Motorradhersteller der Welt. Das Händlernetz umfasst weltweit inzwischen über 2000 Vertragshändler in 67 Ländern, der monatlich erscheinende „Enthusiast"

erreicht mittlerweile eine Auflage von 50.000 Exemplaren.

Auch während dieser Zeit investiert das Unternehmen massiv in den Rennsport und die Erfolge lassen nicht lange auf sich warten. Leslie „Red" Parkhurst bricht auf einer Harley-Davidson insgesamt 23 Geschwindigkeitsrekorde. 1920 nimmt das Werksrennteam erstmals ein Schweinchen (engl. „hog") als Maskottchen mit zu den Rennen und schon bald nennt man die rasenden Jungs allerorten nur noch die „Hogs".

Na also, Harley verbindet bereits um 1915.

Bringing Town *and* Country Together

*1916 kann der neue „Eight-Valve Racer"
erste Erfolge einfahren.*

1916, nur 13 Jahre nach der Unternehmensgründung, ist aus der einstigen Bretterbude ein stattliches Unternehmen geworden.

Eine „WJ Sport Twin“ mit Elektrikausstattung

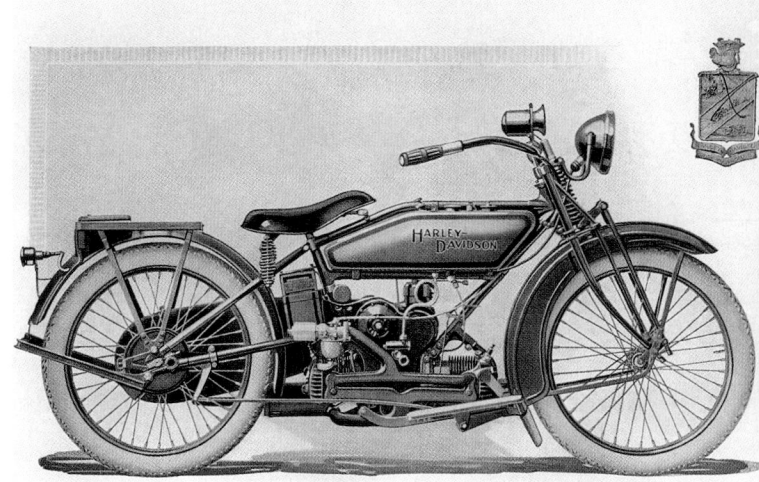

Harley-Davidson
Model 21-WJ—Harley-Davidson Sport Model with complete electrical equipment
Page Twenty-two

Mit dem Harley-Gespann zum Strand – das macht schon was her.

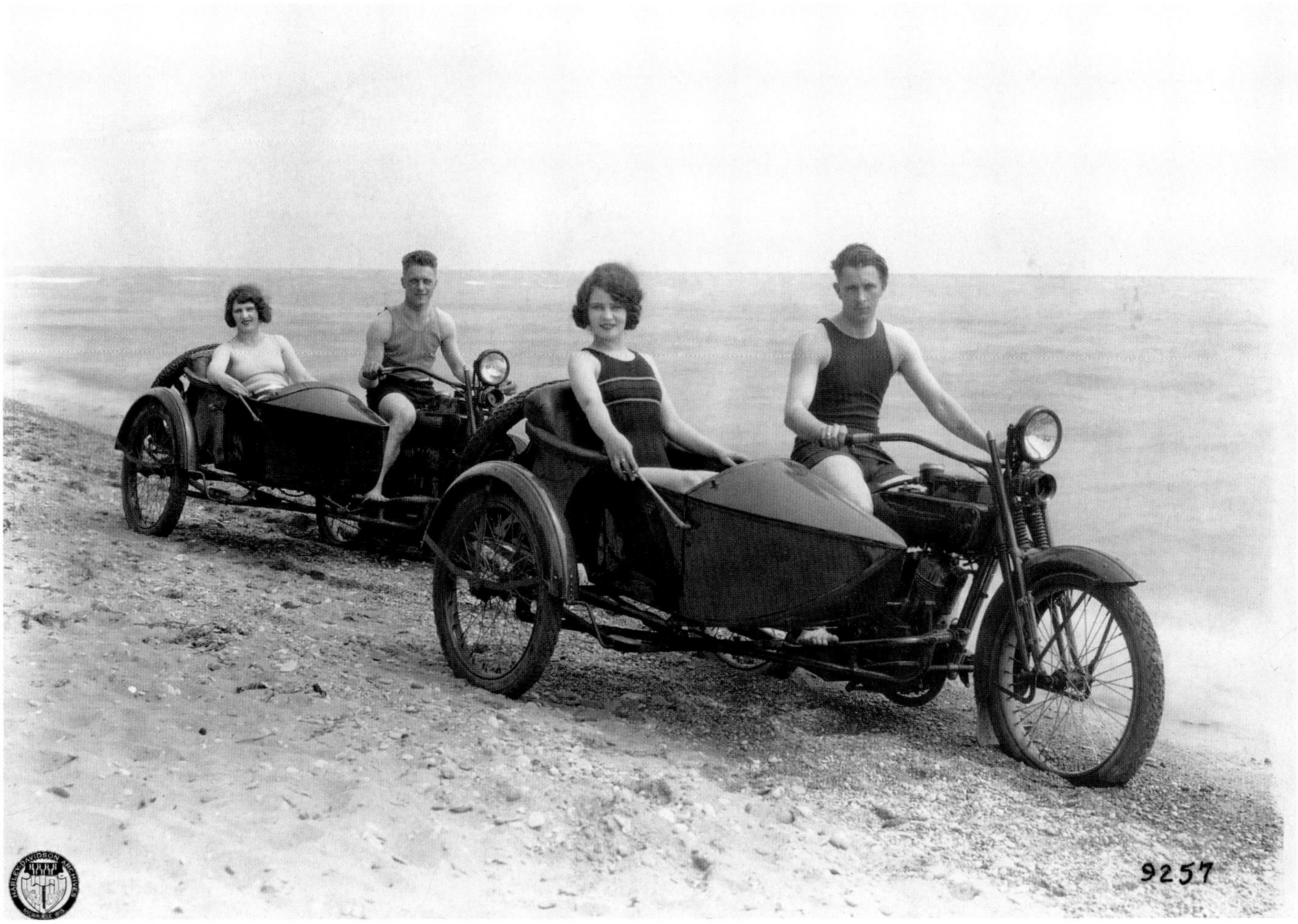
9257

Links: Das Plakat von 1920 symbolisiert eindrucksvoll Harleys Siegeszug um die ganze Welt.

Rechts: 1920 nimmt das Werksteam erstmals ein Schweinchen (engl. „hog") als Maskottchen mit zu den Rennen.

Die Roaring Twenties

1920 taucht der tropfenförmige Tank im „Streamline"-Design zum ersten Mal auf, der später typisch für die Bikes aus Milwaukee werden wird. Vorerst krönt er nur das sportliche Einzylinder-Modell „BA", bevor das Design in den kommenden Jahren auch auf alle anderen Harley-Davidson-Typen übertragen wird.

Der wachsende Wohlstand der breiten Masse und die industrielle Massenfertigung führen die gesamte Motorradindustrie jedoch in eine tiefe Krise. Das Automobil wird für jedermann erschwinglich bzw. man spart zumindest auf einen vierrädrigen Untersatz. Das Motorrad als Nutzfahrzeug hat mehr und mehr ausgedient und es gilt als chic, sich in einem Auto fortzubewegen. Für die Motorradindustrie bedeutet diese Veränderung einen unerbittlichen Verdrängungswettbewerb, in dem es gilt, sich maximale Anteile eines schrumpfenden Marktes zu sichern. 1922 präsentiert Harley-Davidson das Modell „74" mit 1200 Kubikzentimetern Hubraum.

Damit scheint man den Mitbewerbern um eine Nasenlänge voraus zu sein und kann die wirtschaftliche Talfahrt zumindest abfedern.

1925 verstärkt Joe Petrali als neuer Fahrer das Team der Werksrennfahrer. In der Folgezeit wird er einer der erfolgreichsten Dirt-Track-Fahrer und avanciert später zu einem der erfolgreichsten Motorradfahrer aller Zeiten.

Ein Jahr später legt die Motor-Company erstmals seit 1918 wieder einen Einzylinder auf. Neben dem V-Twin werden nun beide Konzepte parallel weiterverfolgt. So präsentiert man 1928 das sportliche V2-Modell „JD" mit zwei Nockenwellen, das bis zu 161 km/h erreichen kann. Für eine angemessene Verzögerung dieser Kräfte ist erstmals eine Vorderradbremse verbaut worden, was damals keinesfalls selbstverständlich war. Die Diskussionen um ein gebremstes Vorderrad halten Konstrukteure und Wissenschaftler in Atem. Während die einen ein enor-

1920 taucht der erste „Teardrop"-Tank auf, hier an einem 1925er-Modell.

mes Sicherheitsrisiko und die Gefahr eines unfreiwilligen Überschlags prophezeien, schwören andere auf die enorme Leistungsfähigkeit dieser Technik. Wohlbemerkt ist die Beschaffenheit damaliger Bremsen mit der Effektivität heutiger Systeme nicht annähernd vergleichbar!

Zusehends gelingt der Imagewechsel vom reinen Nutzfahrzeug hin zu einem Luxusgut. Die heutzutage passendere Bezeichnung dafür wäre wohl vielmehr „Lifestyleprodukt". Fortan gilt es in der gehobenen Bürgerschicht als geradezu chic, ein amerikanisches Motorrad zu fahren. 1924 wird in Berlin der erste Harley-Davidson-Club Deutschlands gegründet und überall auf der Welt folgen weitere.

Zum Ende der Zwanziger legt sich die Weltwirtschaftskrise wie eine Dunstglocke über alle Industrienationen. Und wieder brechen die Absatzzahlen dramatisch ein. Die Arbeitslosigkeit betrifft fast ein Drittel der amerikanischen Bevölkerung und auch in

Der junge Joe Petrali verstärkt ab 1925 das Harley-Davidson-Werksteam.

William „Bill" Ottaway, Leiter der Rennabteilung und Konstrukteur in den
20er-Jahren

Rennveranstaltungen auf dem Board-Track erfreuen sich während dieser
Zeit bereits größter Beliebtheit.

der Alten Welt sieht die Situation ähnlich aus. Unzählige Firmen müssen die Segel streichen und die
Werktore einst blühender Unternehmen schließen
sich für immer.

Auch unter diesen schwierigen Bedingungen gelingt
der Motor-Company das Überleben. Einer Ver-
kürzung der Wochenarbeitszeit ist es zu verdanken,
dass man darauf verzichten kann, die Belegschaft
drastisch zu reduzieren. Ein strenger Sparkurs, eine
straffe Händlerpolitik und ein konsequentes
Management sichern der Company auch dann noch
finanzielle Unabhängigkeit und Liquidität, als anderen Firmen die Luft ausgeht.

Eine neue Form des Marketings wird zu dieser Zeit
geboren, die darauf abzielt, Bedürfnisse bei potenzi-
ellen Käuferschichten gezielt zu wecken. Auch
Harley-Davidson gelingt es zusehends, den Wandel
vom preiswerten, nützlichen Fortbewegungsmittel
hin zu einem begehrten Luxus- und Freizeitgerät zu
vollziehen.

Die gesamte Modellpalette wird zu dieser Zeit technisch und optisch enorm aufgewertet. So erhalten
die Zweizylinder im Laufe der Jahre wahlweise ein
Drei- oder Vierganggetriebe und sogar eine Dieb-
stahlsicherung. Auch der farbliche Auftritt ändert
sich von einer eher schlichten Lackierung hin zu

Dirt-Track-Rennen auf unbefestigten Pisten gehören bereits in den 20ern zu den Attraktionen.

Oben: Der neu aufgelegte Einzylinder, hier in einem Modell von 1926

Rechts: Bord-Track-Rennen um 1928 auf einem mit Holz beplanktem Oval

einer ansprechenderen Zwei- oder sogar Dreifarben-
kombination. Das Ende der wechselgesteuerten
Motoren wird mit dem „D"-Modell „45" eingeläutet.
Dieses Motorrad verfügt über einen 750 Kubikzentimeter großen, seitengesteuerten Motor. 1930
kommt dieses neue Konzept als 1200er Big-Twin auf
den Markt. Der bauartbedingt flache Zylinderkopf
führt dazu, dass bald nur noch vom „Flathead" die
Rede ist.

In der Folgezeit fließen zahlreiche Änderungen in
die Modelle ein. Zu nennen sind zum Beispiel eine
von Hand einstellbare Gabelfeder, Leuchtanzeigen
für Ladestrom und Öldruck, eine leistungsstärkere
Batterie, Aluminiumkolben und vieles mehr. Und
auch im Motorsport sind während dieser Zeit Erfolge zu verzeichnen. So gewinnt Bill Davidson jun.
den berüchtigten „Jack Pine Enduro Contest" mit
997 von möglichen 1000 Punkten. Darüber hinaus
kann Harley-Davidson in sämtlichen Klassen dieses materialverschleißenden Wettbewerbes siegen.

Der erste Seitenventiler, hier im „JD"-Modell von 1928

Der Motor der „D" wird wegen seiner flachen Bauart „Flathead" genannt, hier in einem „D"-Modell „45" von 1929.

Selbstverständlich prangt auf der Novemberausgabe des „Enthusiast" von 1929 auch eine „D".

Gorden, Walter und Allan Davidson 1929 während eines 8000-Meilen-Trips durch die USA – natürlich auf den aktuellen „D"-Modellen

Sport und Freizeit sind die Märkte, auf die Harley-Davidson mit seinen Werbeplakaten zielt.

Rechts: Der motorrad-begeisterte junge Bill Davidson jr. 1930

Folgende Doppelseite: Der Motorradclub „Blue Comet", dessen Mitglieder das US-Bike ausschließlich zur gemeinsamen Freizeit-gestaltung nutzen

One officer and Servi-Car at Austin, Texas
now do the car marking work formerly
done by four officers on foot.

Oben: Mit der Einführung des „Servi-Cars" 1932 gelingt es, eine Harley auch als Nutz- fahrzeug zu vermarkten.

Unten: Das Servi-Car wird für die damaligen Cops ein zuver- lässiges Dienstfahrzeug.

Folgende Doppelseite: Auch Handwerker und Lieferanten wissen schnell die Vorzüge eines „Dreirades" mit Gepäckraum zu schätzen.

Kampf ums Überleben

Wir schreiben das Jahr 1931 und inzwischen hat die Weltwirtschaftskrise die Motorradbranche in den USA dahingerafft. Von den großen Herstellern haben nur Indian und Harley überlebt. Und trotzdem – oder gerade deshalb – bereitet man in Milwaukee ein völlig neues Modell vor.

Von dem Gedanken, dass ein Motorrad ein zweck- mäßiges Nutz- und Arbeitsgerät sein kann, hat man sich nämlich noch immer nicht ganz verabschiedet. Ein Motorrad ist klein, schnell und wendig und vor allem wesentlich preiswerter als ein Automobil. Es hat aber auch den Nachteil, dass man damit kaum etwas transportieren kann.

Und genau diesen Umstand will man ändern. Mit dem „Servi-Car", das 1932 vorgestellt wird, gelingt es, dieses Manko auszugleichen. Das dreirädrige Motorrad wird vom kleinen Twin angetrieben und hat seine Marktnische auf Anhieb geschlossen. Das außergewöhnliche Vehikel erfreut sich schnell größ-

ter Beliebtheit bei Lieferanten, der Polizei oder bei Handwerkern. Damals hat wohl niemand geahnt, dass man mit dem Servi-Car ein Produkt erschaffen hat, das etliche Jahrzehnte überleben wird.

Tatsächlich wurde dieses Grundkonzept noch bis 1973 von Harley-Davidson produziert. Damit dürfte Harleys Flathead der am längsten seriell produzierte Benzinmotor aller Zeiten sein.

1933 ändert sich die Farbgebung der Modelle ein weiteres Mal. Die Karosserieteile werden nun im Art-déco-Stil mit relativ aufwendigen Details lackiert. Diese damals entwickelten Stilelemente las- sen sich auch heute noch an verschiedenen Modellen wiederfinden.

Ein Jahr später geht die Ära der von Harley- Davidson produzierten Einzylinder zu Ende. In Zukunft konzentriert man sich ausschließlich auf die Weiterentwicklung der V2-Motoren.

for Constipation
EX-LAX
The safe
chocolated
Laxative

Keep Regular
with
EX-LAX

Prescriptions
Drugs
Toilet Articles

BOCK'S
3 STORES

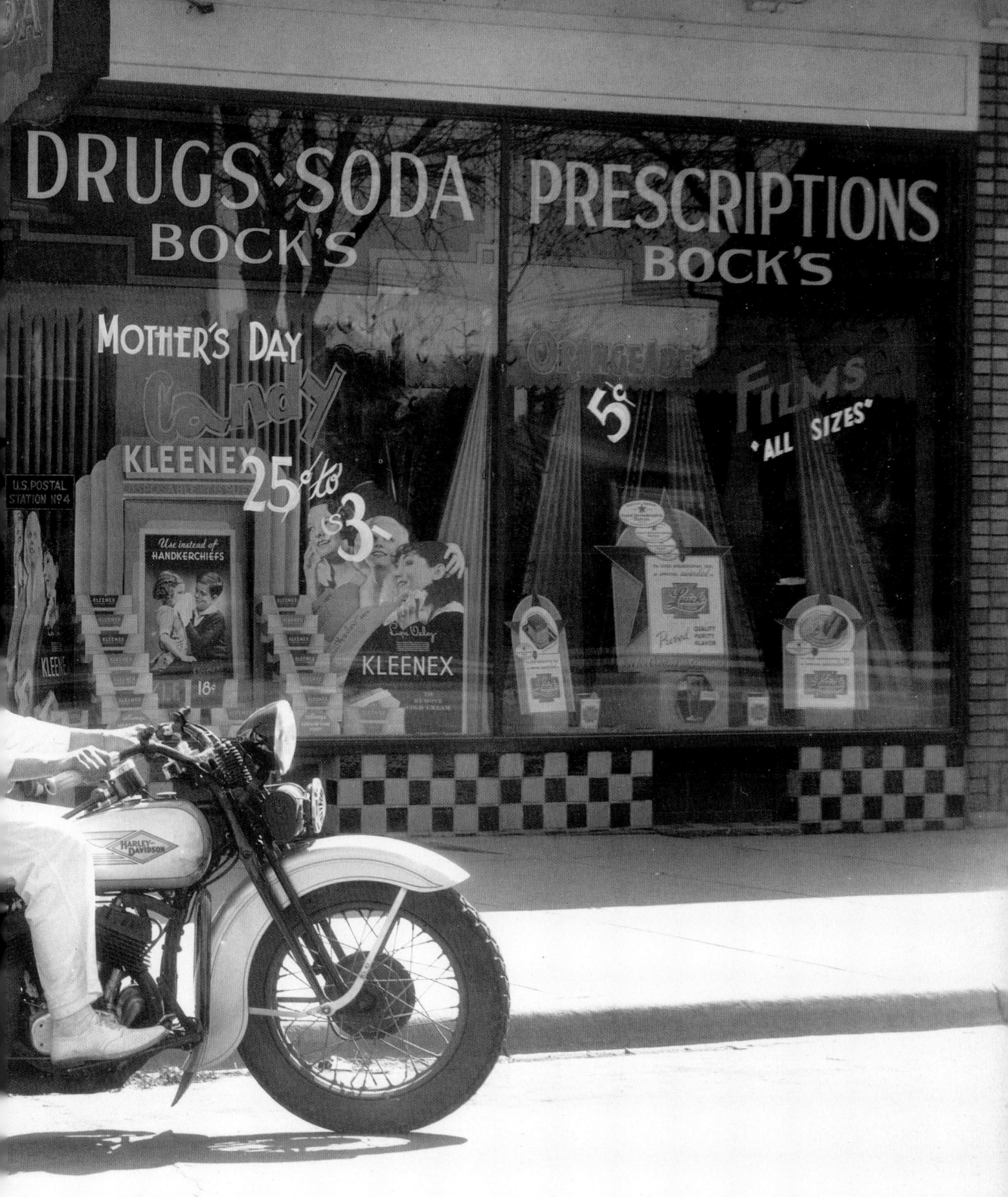

Oben: 1925 schwören über 2500 Police Departments auf die Bikes aus Milwaukee.
Unten: Zwei Cops plus Ausrüstung zu befördern ist mit einem Servi-Car kein Problem.

1936 präsentiert die Motor-Company dann ein weiteres Highlight: einen seitengesteuerten V-Twin mit 30 PS Leistung und 1340 Kubikzentimetern Hubraum. Hierbei handelt es sich um eine aufgebohrte Version der „74". Zur selben Zeit erscheint das neue „E"-Modell „61". Es verfügt über einen kopfgesteuerten V-Twin, der 36 PS leistet und damit das Motorrad auf stolze 145 km/h beschleunigt. Die Form der Köpfe spielt einmal mehr Pate bei der Namensfindung: Da sie an die Knöchel einer geballten Faust erinnern, sprechen die Freunde der Marke schon bald nur noch von einer „Knucklehead".

Ab 1933 werden die Tanks mit aufwendigen Grafiken verziert.

Den Erfolg des Knucklehead-V-Twins kann einer der Firmengründer leider nicht mehr miterleben. 1937 stirbt William Davidson nach kurzer, schwerer Krankheit. Der in Schottland geborene älteste der Davidson-Brüder und Vizepräsident der Company ist übrigens selbst niemals Motorrad gefahren. Seine Nachfolge als Produktionschef tritt Bill Ottaway an.

Welches Potenzial in einer Harley steckt, beweist Joe Petrali 1937 auf einer modifizierten „61" im Renntrimm. Er hängt die Messlatte für den Geschwindigkeitsweltrekord für Motorräder ein kleines Stückchen höher und erreicht eine Spitzengeschwindigkeit von atemberaubenden 136,183 mph (219 km/h).

Der Motor des neuen „E"-Modells „61" wird bald nur noch „Knucklehead" genannt.

1936 rollt die erste Knucklehead vom Band (v.l.n.r.: Arthur Davidson, Walter Davidson, William S. Harley und William A. Davidson).

Die Tankkonsolen jener Modelle gelten als besonders schön und zweckmäßig.

Der erfolgreiche Joe Petrali, 1935 auf dem Dirt-Track

1938 bewirbt „The Enthusiast" die erste Sturgis Rally, die heute zu den größten Motorradmeetings der Welt zählt.

Bereits 1942 posieren Stars wie Clark Gable auf einer Harley.

Nachfolgende Doppelseite:
Joe Petrali 1937 auf seinem
Rekordfahrzeug (219 km/h!)

Links: Eine „WLA" von 1942 im Militärtrimm

Unten: „Liberators" werden die WLAs nach dem Krieg aufgrund ihrer wichtigen Rolle bei der Befreiung Deutschlands genannt.

Der Zweite Weltkrieg

In Europa tobt bereits der Zweite Weltkrieg, während im fernen Amerika Harley-Davidson-Fahrer das Jahrzehnt mit einem Sieg im Daytona-200-Rennen beenden. Doch wie wir wissen, werden die USA 1941 auch in das Kriegsgeschehen eingreifen.

Im selben Jahr wird die 160 km/h schnelle Knucklehead vorgestellt. Doch die Produktion ist kaum angelaufen, als man den Bestellungen der Army den Vorzug gewähren muss.

Während der kommenden Jahre produziert man statt der Zivilmaschinen etwa 90.000 „WL"-Militärmaschinen. Diese werden in leicht unterschiedlichen Variationen als „WLA" – das „A" steht hierbei für die amerikanische Army – und als „WLC" – hier steht das „C" für Kanada – gebaut.

Zudem können die „WLAs" dank des „Land-and-Lease"-Abkommens an andere Nationen wie Großbritannien, Südafrika und sogar an Russland verkauft werden. Alleine der Kreml ordert rund ein Drittel der gesamten Produktion.

Nach dem Krieg werden die ausgemusterten Militärmaschinen zu einem Stückpreis von 25 Dollar verramscht. Bis heute sind noch ungezählte Modelle dieser Baureihe, zumeist in zivilem Look, auf den Straßen in allen Teilen dieser Erde anzutreffen.

Nach der Rolle, die diese Bikes während des Krieges innegehabt haben, werden sie auch heute noch als „Liberator" bezeichnet. 1942 trifft ein weiterer Schicksalsschlag die Motor-Company schwer. Die ungeheuren Kraftanstrengungen der letzten Jahre waren eindeutig zu viel für den ohnehin an einer Lebererkrankung leidenden Walter Davidson. Im Alter von 65 Jahren verstirbt der Präsident des Unternehmens. Die Nachfolge tritt William Davidson jun., gelernter Betriebswirt und begeisterter Motorradfahrer, an.

Ein US Army Air Corps Member 1944 vor seiner 41er Knucklehead auf dem Radar-Trainingsgelände in Boca Raton, Florida

Damit nicht genug, muss das Unternehmen bereits ein Jahr später einen weiteren schmerzlichen Verlust verkraften. William „Bill" Harley erleidet an der Bar eines Clubs einen Herzanfall, den er nicht überlebt. Er galt als besessener Konstrukteur, der technisches Wissen und planerisches Abstraktionsvermögen zu verbinden wusste, und darf zweifellos als der geisti-ge Vater der ersten Harley-Davidson-Modelle gewertet werden.

Zunächst tritt Bill Ottaway seine Nachfolge an, bevor er später von William J. Harley abgelöst wird, der bereits zwei Jahre als Assistent seines Vaters gearbeitet hatte.

Eine für Rennzwecke
gechoppte „Flathead"

Nach dem Krieg wird die Produktion wieder auf zivile Fahrzeuge umgestellt. Das Foto zeigt eine Knucklehead aus dem Jahr 1947.

Oben: Mit dem kleinen Modell „S" kann Harley-Davidson 1948 auch ein leichtes Motorrad anbieten.

Unten: Blick in das neue Werk in Wauwatosa, Wisconsin, 1947

Die Nachkriegszeit

Kurz nach dem Krieg, im November 1945, wird die Produktion wieder auf zivile Fahrzeuge umgestellt. Bereits ein Jahr später wird die „WR" vorgestellt, ein neuer Racer, der sich noch als sehr erfolgreich erweisen sollte. Ein weiterer Produktionsstandort kommt hinzu: Im Capitol Drive im Vorort Wauwatosa werden in einem ehemaligen Werk zur Produktion von Propellern in Zukunft Motorradteile gefertigt. Die Endmontage wird aber weiterhin in der Juneau Avenue vorgenommen.

Nach dem Krieg kehren die Armeemitglieder nach Beendigung ihres Dienstes wieder in ihre Heimat zurück. Die Wiedereingliederung in das Zivilleben gelingt in vielen Fällen jedoch nicht. Zudem versucht sich die damalige Jugend durch Rebellion vom allzu spießbürgerlichen Amerika jener Tage abzuheben. Überall im Land formieren sich mehr oder weniger kleine Gruppierungen, bei denen das Motorrad im Mittelpunkt steht. Ein einzelnes Ereignis von 1947 sollte das Image der Motorradfahrer für lange Zeit in

ein falsches Licht rücken: In dem kleinen kalifornischen Dorf Hollister treffen sich am 4. Juli, dem US-Nationalfeiertag, zahlreiche Motorradfans, um eine Motorradveranstaltung zu besuchen. Natürlich geht es bei diesem Treffen nicht so sittsam ab wie bei einem Pfadfindertreffen. Es wird getrunken und hier und da jagen einige ungezügelte Biker auf ihren Kisten durch die Kleinstadt. Tatsächlich kommt es am Rande dieser Veranstaltung auch zu verschiedenen Rangeleien, die aber aus heutiger Sicht als völlig belanglos gewertet werden können.

Der Spuk ist längst vorüber, als zwei Journalisten eine Story wittern. Eine Harley wird zwischen einige Bierflaschen drapiert und der Fahrer wird gebeten, mit einer Flasche in der Hand möglichst übel in die Kamera zu schauen. Das gestellte Foto hätte aus heutiger Sicht wohl nicht mehr als ein müdes Lächeln beim Betrachter hervorgerufen. Das Bild erscheint aber bereits kurze Zeit später mit einem reißerischen Text versehen im „Life"-Magazin und stößt bei der

Die „Panhead" gilt für viele bis heute als die schönste Harley.

Die 1948 eingeführten Panheads sind ein weiterer Meilenstein in der Motoren-Historie.

breiten Bevölkerung auf Empörung. „Er terrorisierte mit seinen Freunden eine Stadt", lautet die Headline und das neue Feindbild des Bürgertums ist geboren. Das gesittete Spießbürgertum ist über das Verhalten und derart ungezügelte Vorgänge geradezu schockiert.

Weitere Journalisten springen auf den fahrenden Zug auf und berichten noch mehr Horrorgeschichten über brandschatzende Rebellen auf Motorrädern. Hollister gilt fortan als Symbol für Unterdrückung, Aufstand und Rebellion. Genauso leichtgläubig sind seinerzeit aber auch all jene, die den Drang verspüren, sich von den amerikanischen Moralisten zu distanzieren.

Es dauert nicht lange, bis auch die Filmindustrie in ein ähnliches Horn bläst. Filme wie „The Wild One" (1953) mit Marlon Brando wirken später wie Salz in der offenen Wunde, lassen jedoch gleichzeitig die Kassen klingeln. Nach diesem Medienhype zelebrieren die Biker ihre anarchische Lebensform noch intensiver und ziehen die aufmüpfige Jugend

umso mehr in ihren Bann. Dass das Motorrad nun mehr und mehr zum Symbol der ungezügelten Freiheit gehört, will den Strategen von Harley-Davidson zunächst gar nicht gefallen: Hatte man doch in der Vergangenheit versucht, eine Harley als das Freizeitgerät für die wohlhabende Schicht zu vermarkten.

Die anvisierte Käuferschicht distanziert sich aber mehr und mehr von dem damit verbundenen Ruf. Es sollten noch einige Jahrzehnte ins Land ziehen, bis es möglich wurde, das Image der grenzenlosen Freiheit, das mit einem Bike fortan verbunden war, für die eigenen Interessen einzusetzen.

Unterdessen wird in der Juneau Avenue ein neues Modell entwickelt. 1948 werden die Big Twins mit einem neuen, 61 oder 74 Cubic Inch (1000 bzw. 1200 Kubikzentimeter) großen OHV-Triebwerk ausgestattet. Der Motor verfügt über Leichtmetallköpfe und ist mit dem äußerst praktischen hydraulischen Ventilspielausgleich ausgerüstet. Weil die Zylinderkopfdeckel an umgedrehte Pfannen erinnern, hat

1949 wird die Panhead „Hydra Glide" vorgestellt, die erste Harley mit hydraulischer Telegabel.

Auch sehr komfortabel für die Fahrt zu zweit: Die Hydra Glide ist bei Paaren sehr beliebt.

dieses Modell schnell den Spitznamen „Panhead" weg. Der neue Motor wird in zwei Hubraumklassen angeboten. Den „E"- und „EL"-Modellen stehen 61 Cubic Inch (1000 Kubikzentimeter) und den „F"- und „FL"-Modellen 74 Cubic Inch (1200 Kubikzentimeter) zur Verfügung. Der Buchstabe „L" steht in beiden Fällen für die höher verdichtenden sportlichen Versionen.

Die Panheads gelten von Anfang an als besonders komfortabel. Der neue „Wishbone-Frame", ein starrer Doppelschleifen-Stahlrohrrahmen, die Springergabel und der gefederte Sattel werden 1948 allerhöchsten Komfortansprüchen gerecht.

Wie so oft bei neuen Modellen weisen auch die ersten Pans einige Schwachstellen auf. Die Ölpumpe baut in

einigen Fällen nicht genügend Druck auf, um eine fehlerfreie Funktion der Hydraulikstößel zu gewährleisten. Die Folgen sind ein klappernder Ventiltrieb und ein leichter Leistungsabfall durch die veränderten Steuerzeiten. Mit einer kräftigeren Ölpumpe und einer modifizierten Nockenwelle schafft die Company diese Probleme aber schnell aus der Welt.

Mit dem kleinen Modell „S" steigt Harley-Davidson nun auch in den Markt der Leichtmotorräder ein. Aber weder der neue V2 noch das Kleinmotorrad oder die Einführung der hydraulischen Teleskopgabel ab 1949 ändern etwas daran, dass der Company schwere Zeiten bevorstehen. Erreicht die Jahresproduktion 1948 noch 31.136 Maschinen, so sinkt sie in den 1950er-Jahren zeitweise unter 10.000 Einheiten.

NEW

Brilliant and

Beautiful

Die 50er –
The Times they are a-changin'

Gleich zu Beginn der neuen Dekade wird das Familienunternehmen erneut von einem schweren Schlag getroffen. Der letzte der vier Unternehmensgründer kommt bei einem Autounfall ums Leben. Ironischerweise kollidiert sein Fahrzeug mit einem Motorradfahrer, der aus der Kurve getragen wird und frontal gegen das Auto von Arthur Davidson und seiner Frau prallt.

Arthurs Nachfolge als Vertriebschef tritt sein Neffe Walter Davidson jun., ein begnadeter Organisator, an. Trotzdem wartet auf ihn eine harte Aufgabe, denn Harley-Davidson steuert gerade auf eine zweite große Krise ungeahnten Ausmaßes zu. Die Spätfolgen des Krieges führen zu einer eingeschränkten Rohstoffversorgung, dem Zusammenbruch der Exportmärkte und zu einer starken Konkurrenz ausländischer Produkte auf dem heimischen Markt.

Die „Jugend" verlangt nach sportlichen, preiswerten Bikes. Harley-Davidson ist vorerst nicht dazu in der Lage, den flinken Motorrädern aus Großbritannien etwas Passendes entgegenzusetzen. Die Entwicklung einer deutlich agileren Harley läuft auf Hochtouren. 1952 ist es dann so weit und man präsentiert die sportliche Modellreihe „K" mit seitlichen Ventilen und einem gemeinsamen Gehäuse für Motor und Getriebe.

Noch im selben Jahr wird die Produktion der „WL"-Seitenventiler mit 1200 Kubikzentimetern eingestellt. Der gewaltige 80-Cubic-Inch-Flathead wird zu der Zeit bereits seit acht Jahren nicht mehr hergestellt. Zudem erfahren die Panheads einige wichtige Änderungen: Ab 1952 platzieren die Ingenieure die hydraulischen Stößel statt am oberen am unteren Ende der Stoßstangen.

Aber nicht nur der Antriebsstrang erfährt Neuerungen, sondern auch die Kraftübertragung. Mit den kommenden Modellen können Harley-Fahrer beim Kauf selbst entscheiden, ob sie lieber mit dem Fuß kuppeln und zum Schalten den Ganghebel am

Die gesamte Modellpalette, wie sie 1955 beworben wird

Elvis Presley posiert 1956 für „The Enthusiast" auf einem „KH"-Modell.

Tank betätigen möchten oder ob sie es vorziehen, mittels Griff an der Lenkstange zu kuppeln und zum Schalten nur noch den Fuß einzusetzen. Dazu erfindet die Entwicklungsabteilung einen Kupplungsverstärker, der aus einer eigenwilligen Spannfederumlenkung, der sogenannten „Mousetrap" (Mausefalle), besteht. Die Modelle mit Fußschaltung erhalten fortan ein zusätzliches „F" am Ende der Typenbezeichnung.

Nur ein Jahr später rollt beim Hauptkonkurrenten Indian das letzte Motorrad vom Band. Harley-Davidson verbleibt nun als letzter großer amerikanischer Motorradhersteller, nachdem der zweite große Mitbewerber seine Tore schließen musste.

Es ist das Jahr, in dem die Motor-Company ihren fünfzigsten Geburtstag feiert. 1955 fällt in der Juneau Avenue die Entscheidung, die Panheads nur noch mit 74 Cubic Inch anzubieten. Der große Motor ist ohnehin populärer als der kleine mit 61 Cubic Inch. Ebenso erhalten alle Modelle mit höherer Kompression den Zusatz „H" in der Typenbezeichnung. Elvis Presley posiert 1956 auf dem „KH"-Modell für die Fotografen.

Was die Öffentlichkeit seinerzeit noch nicht ahnt, ist, dass der Nachfolger für dieses Motorrad bereits in den Startlöchern steht. 1957 kündigt die Company dann ein völlig neues Motorrad an und präsentiert die erste „Sportster" mit dem Typenkürzel „XL". Mit

Das Werbefoto von 1957 macht den Zeitgeist jener Tage ersichtlich.

dem Nachfolger des „K"-Modells hat man nun endlich ein Bike im Programm, das es mit der Konkurrenz aus England aufnehmen kann. Ebenso wie bei ihrem Vorgänger sind bei ihr der Motor und das Getriebe in einem Gehäuse untergebracht. Zudem hat man dem verhältnismäßig kraftvollen 45-Grad-OHV-V2 ein modernes Fahrwerk mit auf den Weg gegeben. Der Hubraum misst ebenfalls 55 Cubic Inch (883 Kubikzentimeter) und das vollständige Kürzel lautet „XL 55".

1958 laufen die letzten Starrrahmenmodelle vom Band. Die „Hydra Glide" bekommt eine hydraulisch gedämpfte Hinterradfederung und heißt fortan „Duo Glide". Neben dem neuen Federungskomfort dürfen sich ihre Käufer über eine neue Hinterradbremse freuen. Der Motor erhält größer dimensionierte Kurbelwellenlager und die Zylinderköpfe werden zwecks besserer Wärmeableitung zukünftig mit dezenten Kühlrippen versehen. Mit diesem konkurrenzfähigen Modell kann das Unternehmen hoffnungsvoll in die Sechziger durchstarten.

Mit der sportlichen „XL" kann man der Konkurrenz aus England (BSA, Norton, Triumph) die Stirn bieten.

Das auffälligste Merkmal eines Sportster-Triebwerks ist das fest mit dem Motor verbundene Getriebe.

Auch die „Duo Glides" werden in den 1950er-Jahren schon „customized".

Die Duo Glide löst 1958 die „Hydra Glide" ab.

Millard Reynolds treibt die neue Duo Glide beim „Jack Pine Enduro Contest" 1957 durch den Tobacco River.

Oben: Der „Topper" von 1960 wird
in Italien produziert.

Unten: Auf dieser Fertigungsstraße werden
1960 die „Sprint"-Modelle montiert.

Die 60er –
Harley-Davidson goes astray

Harleys gelten, von der Sportster einmal abgesehen, als behäbige Dickschiffe. Harley-Davidson kann mit seiner aktuellen Produktpalette nur einen kleinen, sehr spezifischen Teil des motorisierten Zweiradmarktes abdecken. Der gesamte Markt ist jedoch um ein Vielfaches größer. So scheinen Motorroller und Kleinkrafträder, Zweitakter mit geringem Hubraum, die Straßen zu überfluten. Um wenigstens einen Teil dieses scheinbar lukrativen Kuchens einstreichen zu können, erwirbt man 50 Prozent der Anteile des italienischen Unternehmens Aermacchi (Aeronautica-Macchi). Während dieser Zeit produziert die Aermacchi-Harley-Davidson S.A. die „Scrambler", ein Motorrad mit hohem Lenker und grobem Reifenprofil, und neben einigen anderen Modellen auch einen Motorroller namens „Topper".

Der erhoffte Erfolg dieser Modelle bleibt jedoch aus und bis heute ist diese Ära vielen eingefleischten Fans der Marke ein Dorn im Auge. 1962 entschließt sich das amerikanische Stammhaus, zusätzlich noch eine Aktienmehrheit an der Tomahawk Boat Manufacturing Company zu erwerben, um die Fertigungsstätten ab 1963 für die Produktion von Motorradteilen nutzen zu können. Dennoch, oder gerade deswegen, benötigt die Company Mitte der Sechzigerjahre dringend mehr Kapital, um weitere Pläne realisieren zu können. Ab 1965 wird Harley-Davidson in ein Aktiengesellschaft umgewandelt. Zudem wird die Wadenmuskulatur eines Harley-Davidson-Käufers deutlich entlastet. In diesem Jahr bekommt die Duo Glide zusätzlich einen elektrischen Anlasser, was sie zur „Elektra Glide" werden lässt.

Nur wenig später lässt sich auch die Sportster per Knopfdruck zum Leben erwecken. Der kleine Startknopf am Lenker bringt es mit sich, dass die Modelle nun über eine Bordspannung von 12 Volt statt der bisherigen 6 Volt verfügen. Und noch ein Ereignis von 1965 wird Geschichte schreiben: In einer zigarrenförmig verkleideten Harley-Davidson Aermacchi „Ala d'Oro Sprint", einem Hochge-

Dank E-Starter wird die Duo Glide ab 1965 zur „Electra Glide".

schwindigkeitsfahrzeug mit einem nur 250 Kubik-zentimeter großen „Sprint-CR"-Triebwerk, schraubt George Roeder den Land Speed Record in zwei Klassen auf 177 mph (285 km/h) hoch.

Ein weiteres Jahr später präsentiert Harley-Davidson eine neue Triebwerksgeneration mit einem grund-legend renovierten Big Twin, der die 18 Jahre währen-de Panhead-Ära beendet. Neue Zylinderköpfe mit überarbeiteten Kanälen, kompaktere Brennräume und neue Nockenwellen führen zu einer spürbaren Leistungssteigerung. Und wieder einmal regt die Form der Zylinderköpfe die Freunde der Marke zur Namensgebung an. Dieses Mal scheinen sie an eine umgedrehte Schaufel zu erinnern und schon bald ist

nur noch von einem „Shovelhead" die Rede. 1969 flimmert ein Film über die Leinwände, der die zukünftigen Generationen bis zum heutigen Tage hinein beeinflussen sollte. „Easy Rider" mit Dennis Hopper und Peter Fonda in den Hauptrollen erzählt die Geschichte von der Suche nach dem wahren Amerika. Auf zwei Panhead-Choppern („Billy Bike" und „Captain Panhead") durchqueren sie Amerika von Los Angeles nach New Orleans. Der Kultstreifen bringt das Lebensgefühl einer ganzen Generation auf den Punkt. „Born to be wild" brennt sich seitdem als unangefochtene Hymne in die Ohren aller Biker. Ganz nebenbei sorgt dieser Streifen für einen welt-weiten Chopper-Boom, dessen Nachwehen bis heute spürbar sind.

Auch die Sporster-Modelle bekommen 1965 den praktischen Schalter am Lenker und lassen sich fortan per Knopfdruck starten.

George Roeder 1965 mit seinem Rekordfahrzeug

1966 wird der „Shovelhead"-Motor für alle Big Twins eingeführt.

Oben: Die „Super Glide" von 1971 stammt aus der Feder von Willie G.

Unten: Die Super Glide legte einst den Grundstein für die bis heute erfolgreichen „Dynas".

Folgenschwere Fehlentscheidung

Harley-Davidson hat immer noch einen unverändert hohen Kapitalbedarf. Die Lösung scheint ein finanzkräftiger Partner an der Seite zu sein. Die gesamte Firma wird in die American Machine and Foundry Company, kurz AMF, eingegliedert. Hierbei handelt es sich um einen großen Mischkonzern, der kapitalkräftig genug ist, die in die Jahre gekommenen Produktionsstätten in Milwaukee zu modernisieren und mit Millionenaufwand eine neue Fabrik in York, Pennsylvania, zu errichten.

Wer derartige Kapitalmengen in ein Unternehmen presst, wird sich ein Mitspracherecht wohl kaum verweigern lassen. Und so wird die Entscheidungsfreiheit der alten Unternehmensführung schon bald in allen Bereichen und wichtigen Fragen beschnitten.

Doch zunächst entsteht in Milwaukee ein neuer Flat-Track-Racer. Die „XR 750" erweist sich schon bald als sehr erfolgreiche Rennmaschine. Die Erstauflage erscheint 1970, im selben Jahr, in dem ein Harley-Davidson-Sportster-Streamliner den Land Speed Record in Bonneville auf 265 mph (426 km/h) schraubt.

Nur ein Jahr später verstirbt William Harley jun. an Diabetes und Walter Davidson verlässt das Unternehmen. Neben seinem Vater ist William G. Davidson nun der letzte Nachfahr der Gründerfamilie, der noch für Harley-Davidson tätig ist. Das AMF-Management lässt ihm immerhin noch relativ viel Freiheit bei der Konzeption neuer Modelle.

„Willie G." gilt bis heute als echter Biker mit direktem Draht zur Basis. Er weiß, wie ein Motorrad aussehen muss. So stammt die 1971 vorgestellte „Super Glide" aus seiner Feder: ein gänzlich neues Modell, das anfangs noch recht sportlich, nach einigen Retuschen eher wie ein Serien-Chopper daherkommt. Das Ergebnis seiner Überlegungen ist eine Synthese aus der Gabel und dem Vorderrad einer XL Sportster und dem Rahmen, dem Hinterrad sowie

Die „XR 750" zählt zu den erfolgreichsten Rennmaschinen.

An der „Sturgis" wird erstmals der heute übliche Belt als Sekundärantrieb verbaut.

dem Triebwerk einer FL Elektra Glide. So entsteht das Typenkürzel „FX" für eine Baureihe, aus der ein Jahrzehnt später die „FXR"-Familie und nach weiteren zehn Jahren die „FXD-Dyna"-Baureihe hervorgehen werden.

Mit dieser Ur-Dyna wird also bereits der Grundstein für die späteren Factory-Custom-Motorräder gelegt, mit denen sich Harley-Davidson fortan auch den Fans der Chopper-Szene zuwenden wird. Ein Schritt, der damals bereits in die richtige Richtung weist und Erfolg verspricht.

Zu den Irrwegen der Unternehmensgeschichte unter der AMF-Regie darf dagegen zweifellos die Produktion der Harley-Davidson-Snowmobile gezählt werden, die ebenfalls 1971 startet. Nur ein Jahr später debütiert der neue, standfestere Leichtmetallmotor für die XR 750. Mit diesem Triebwerk dominiert Harley-Davidson seither den Flat-Track.

1973 zieht sich der Vater von Willie G. nach 45-jähriger Firmenzugehörigkeit aus dem Unternehmen zurück. Dick O'Brian wird sein Nachfolger und somit zum ersten Präsidenten, der nicht aus der

Gründerfamilie stammt. Ebenfalls 1973 startet die Endmontage im neuen Werk in York, Pennsylvania. Die restliche Produktion verbleibt in Milwaukee, Wauwatowa und Tomahawk. 1977 wird die Chopper-Baureihe um die „Low Rider" ergänzt. In den darauf folgenden Jahren folgen die „Fat Bob", die „Wide Glide" und die „Sturgis". Bei der Sturgis verzichtet man erstmals auf die Kette als Sekundärantrieb und setzt einen Kevlar-Belt ein.

1980 erscheint zeitgleich die „Tour Glide". Das Fünfganggetriebe des Tourers ist starr mit dem Motor verbunden, der vibrationsisoliert im Rahmen aufgehängt ist. Der Hubraum der Big Twins wächst wieder auf 1340 Kubikzentimeter an.

Rechts oben: „XLCR Café Racer" von 1977

Rechts unten: 1977 ist das Geburtsjahr der „Lowrider", einer weiteren Dyna mit ungewöhnlich tiefer Sitzposition.

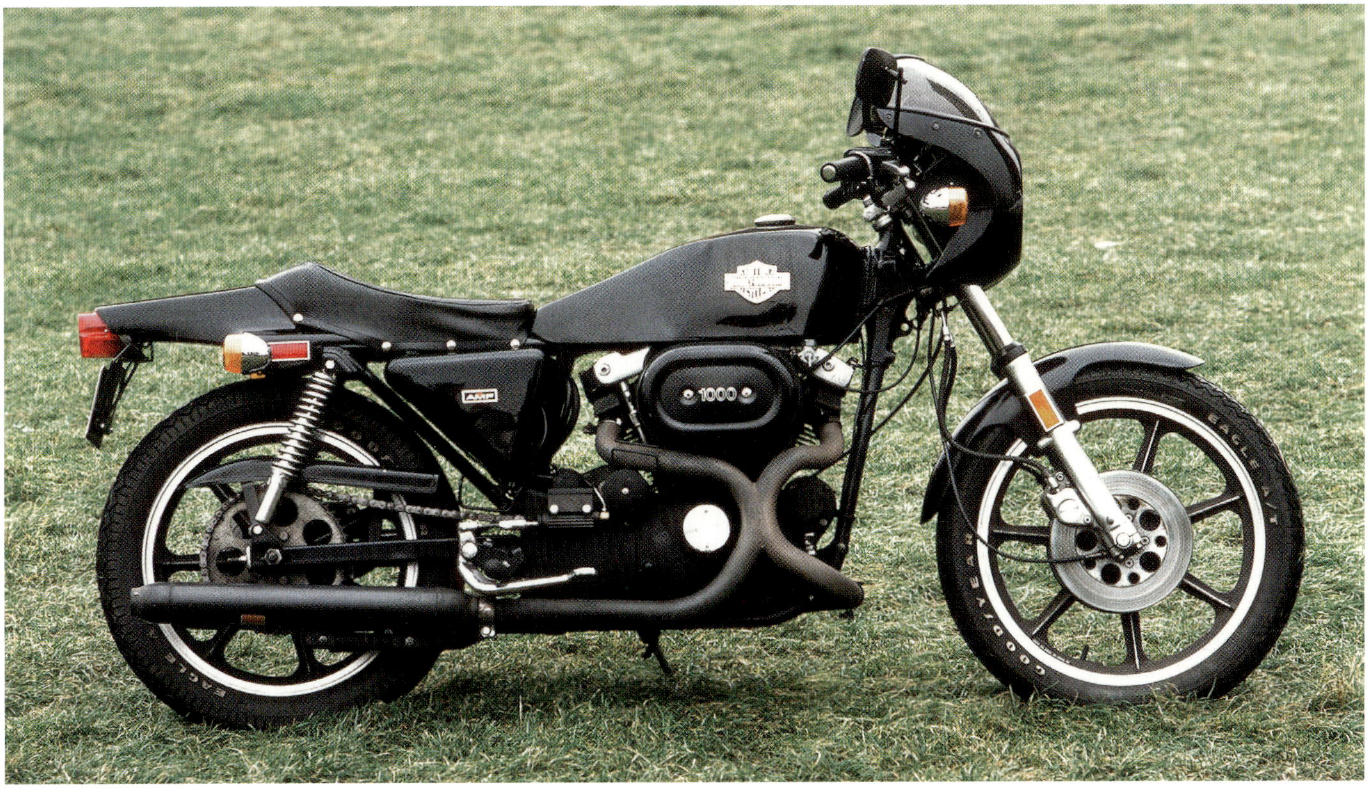
1000
AMP
GOODYEAR
EAGLE A/T

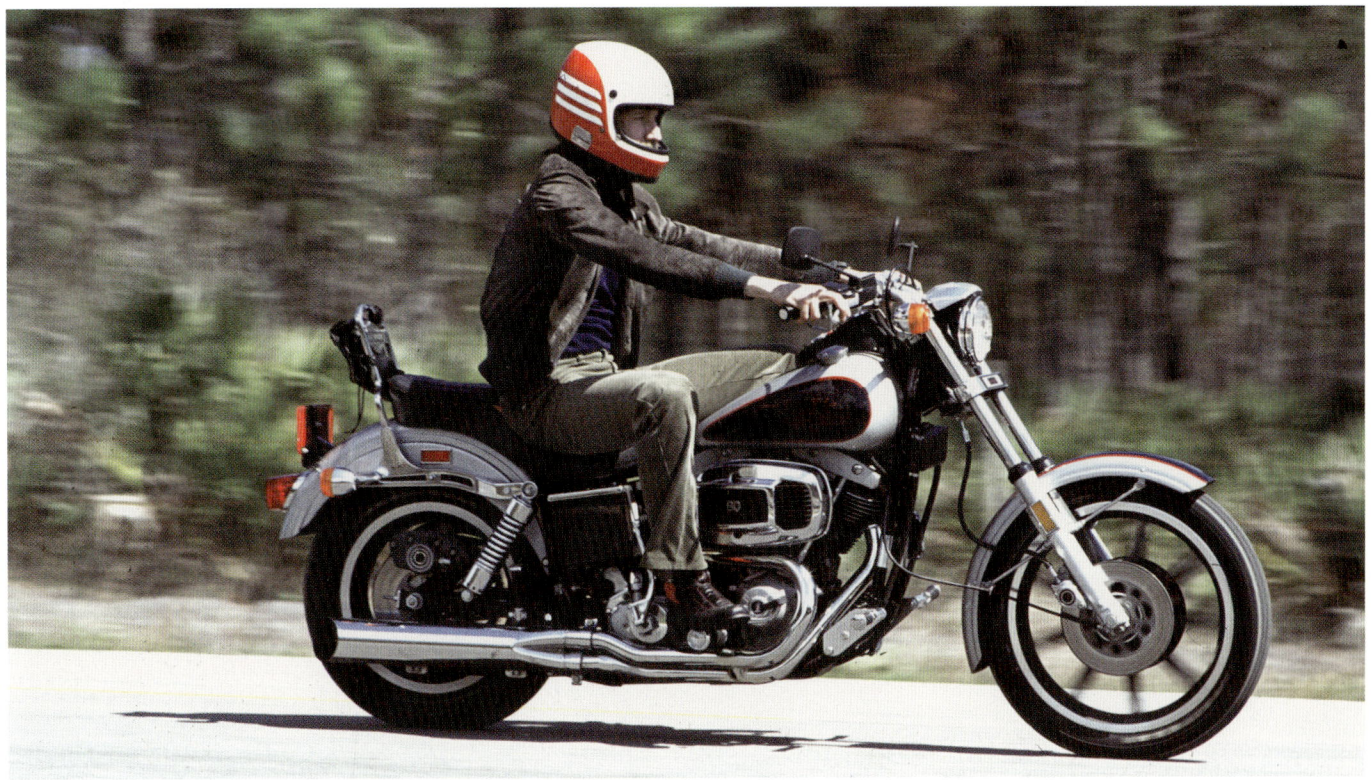

Oben: 1980 erscheint die „Tour Glide", die sich vor allem in den USA schnell großer Beliebtheit erfreut.
Links: Diese Sportster von 1979 verfügt bereits über 1000 Kubikzentimeter Hubraum.
Unten: Die „Dyna Wide Glide" von 1980 entspricht dem damals modernen Chopper-Style.

Seit 1982 gilt in der Fertigung das Prinzip „material as needed", ein wichtiger Schritt zur Kostensenkung.

The big Deal

Rein gestalterisch scheinen die neuen Modelle den Geschmack der Motorradfahrer zu treffen, was sich in steigenden Verkaufszahlen niederschlägt. Trotzdem ist AMF kein reines Motorradunternehmen, dem Konzern fehlen tiefere Einblick und das Feeling für diese Szene. Es kommt zu einer Reihe von Fehlentscheidungen, die Mitarbeiter, Kunden und Hersteller gleichermaßen verärgern. Zudem kann der Shovelhead mit den Produkten der Mitbewerber nicht mehr mithalten. Er gilt als technisch rückständig und unzuverlässig. Auch die Berichterstattung der Fachpresse führt dazu, dass das Image vom störanfälligen Motorrad aus Milwaukee geprägt ist – ein Ruf, der den Bikes bis heute noch anhaftet, wenngleich er längst nicht mehr gerechtfertigt ist.

Als Folge davon bleibt die Umsatzsteigerung hinter dem Wachstum des boomenden Motorradmarktes zurück und AMF verliert mehr und mehr das Interesse an Harley-Davidson. Deshalb wird Vaughn Beals als neuer Harley-Davidson-Chef damit beauftragt, das Unternehmen zu verkaufen. Doch zum Glück erkennt er das Potenzial, das immer noch in dem traditionsreichen Unternehmen und seinen Produkten steckt.

Statt die Motor-Company meistbietend zu verhökern, inszeniert er einen klassischen Buy-out (eine Übernahme). Der 26. Februar 1981 darf zweifellos als Wendepunkt und Meilenstein in der Unternehmensgeschichte gewertet werden. Eine dreizehnköpfige Gruppe aus zum Teil ehemaligen Topmanagern von Harley und Mitarbeitern der Konzernleitung um Vaughn Beals, Willie G. Davidson und Charles Thompson kauft die Company mit Hilfe eines Bankenkonsortiums für 80 Millionen US-Dollar von AMF zurück.

Der Motorradboom ist allerdings rückläufig und man hat anfangs mit wirtschaftlichen Schwierigkeiten zu kämpfen. Jedoch können zum wiederholten

Mal in der Unternehmensgeschichte neue Ideen und neue Produkte das Überleben sichern. So bekommen die Sportster und die Super Glide bereits 1982 neue, stabilere Rahmen. Letztere wird zur „FXR Super Glide", wobei das „R" für „rubber mounted" steht, da das Shovelhead-Triebwerk jetzt gummigelagert in den Rahmen integriert ist.

Es ist das Jahr, in dem Harley-Davidson das Konzept „MAN" (material as needed) und die „Just-in-Time-Produktion" implementiert. Damit gelingt es, die Kosten zu senken und die Qualität zu steigern. Eine der bemerkenswertesten neuen Ideen des Managements ist zweifellos die Gründung einer Vereinigung der Harley-Davidson-Besitzer.

1983 wird die Harley-Davidson Owners Group, kurz H.O.G., ins Leben gerufen. Innerhalb kurzer Zeit wird aus dieser „Eigentümergruppe" ein weltumspannendes Netzwerk, das nicht nur die Gemeinschaft unter Gleichgesinnten pflegt, sondern auch deren Interessen vertritt. Innerhalb weniger Jahre entwickelt sich daraus die größte von einem Motorradhersteller unterstützte Kundenvereinigung der Welt.

Strahlende Gesichter eines mutigen Managements nach dem Buy-out von 1981

Oben: 1984 löst der „Evolution" genannte Motor den betagten Shovelhead ab.

Unten: 1984 wird die erste „Softail" vorgestellt, deren Konstruktion an einen Starrrahmen erinnert.

Die nächste Generation

Dass der Shovelhead nicht mehr zeitgemäß ist, hat man in Milwaukee natürlich längst erkannt. Einen neuen Motor zu konstruieren bedeutet neben gigantischen Kosten vor allem aber auch Zeit. Eine der wichtigsten Aufgaben nach dem Buy-out besteht nun darin, ein neues Triebwerk bis zur Serienreife zu bringen. Gemeinsam mit Porsche macht man sich daran, einen neuen V2 zu entwickeln, der in Sachen Performance und Zuverlässigkeit seinem Vorgänger um Längen überlegen sein soll.

1984 ist der Kraftakt vollbracht und voller Stolz wird der neue, „Evolution" genannte Motor präsentiert. Nach und nach wird der Antrieb von da an auch in alle anderen Modelle eingebaut. Als ersten Geniestreich präsentiert die neu strukturierte Motor-Company ein komplett neues Motorradkonzept, das in Rekordzeit eines der erfolgreichsten Modelle im Harley-Davidson-Portfolio wird. Die Rede ist von der „Softail", die als Erste mit dem neuen Triebwerk ausgestattet wird. Das radikale Custom-Styling

stammt einmal mehr aus der Feder von Willie G. Davidson. Neben dem neuen Motor ist die Rahmengeometrie dieses Modells mehr als bemerkenswert.

Bei der Konstruktion hat sich Harley-Davidsons Chefdesigner an der Optik der klassischen „gechoppten" Starrrahmenmodelle aus den Fünfzigern orientiert. Der Rahmen sieht auf den ersten Blick wie ein starrer Frame aus, ist aber in Wahrheit gefedert. Die dreieckige Rohrkonstruktion der Schwinge ist beweglich gelagert. Der Federweg wird umgelenkt und mittels zweier Federbeine, die von außen kaum sichtbar unter dem Motor und dem Getriebe versteckt sind, gedämpft.

Dass Harley-Davidson mit der Softail ein unnachahmliches Design erschaffen hat, das zudem über eine bemerkenswerte Zuverlässigkeit und einen enormen Qualitätsstandard verfügt, steht außer Frage. Qualität soll in Zukunft endlich wieder kennzeichnend für die Bikes aus Milwaukee sein. Der

1984 erscheint auch die „XR 1000", eine reine Sportmaschine mit 750 Kubikzentimetern Hubraum.

wirtschaftliche Erfolg bleibt nicht aus und nach einer langen Talfahrt geht es endlich wieder spürbar und stetig bergauf. 1985 geht die Harley-Davidson-Company ein zweites Mal an die Börse. Die Aktien gelten von Anfang an als ausgesprochen attraktive und sichere Kapitalanlage, deren Kurs in den kommenden Jahren kontinuierlich steigt.

Willie G. pflegt auch weiterhin den direkten Kontakt zur Basis, den Bikern selbst, und hat damit immer ein Ohr direkt am Markt, was der Company auch weiterhin den Erfolg garantieren wird. 1986 bekommen die Sportster-Modelle die neue Evolution-V-Twin-Technik.

Dem erfolgreichen ersten Softail-Modell werden weitere Varianten zur Seite gestellt. 1987 folgt die „Heritage Softail" mit einem eher nostalgischen

Design, 1988 läutet die „Softail Springer" eine Renaissance der Springergabel ein und 1990 gelingt mit der „Fat Boy" ein weiterer großer Wurf. Vom Prinzip her ist die Fat Boy ein gestrippter Tourer, ohne Verkleidung und Packtaschen, aber mit verhältnismäßig breiten Reifen und voluminösen Fendern. Mit ihr wird eine neue Motorradkategorie, die der „Cruiser", geboren.

Rechts oben: 1985 geht die Motor-Company ein weiteres Mal an die Börse.

Rechts unten: Eine „Heritage Softail" von 1986, die bereits den Wünschen des Besitzers angepasst – „customized" – wurde

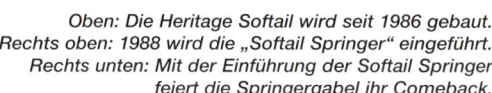

Oben: Die Heritage Softail wird seit 1986 gebaut.
Rechts oben: 1988 wird die „Softail Springer" eingeführt.
Rechts unten: Mit der Einführung der Softail Springer
feiert die Springergabel ihr Comeback.

Links: Nicht immer ist die „Electra Glide Sport" der eigentliche Blickfang.

Folgende Doppelseite: Die „Fat Boy" entwickelt sich in kurzer Zeit zu einem sehr erfolgreichen Modell der Company (Modell von 1990).

Oben: 1999 wird der neue „Twin-Cam"-Motor vorgestellt.

Unten: Die „Dyna Wide Glide" von 1997 zeichnet sich durch einen hohen Lenker, Boottail-Fender und eine großzügig bemessene Sitzbank aus.

And the Beat goes on

Bereits 1991 hat sich der Kurs der Harley-Davidson-Aktie verzehnfacht und die Tendenz ist weiterhin steigend. Mit der „FXDB Sturgis" fällt der Startschuss zu einer neuen Dyna-Generation. Diese Modellreihe bildet das preisliche Bindeglied zwischen den Sportstern als Einstiegsmodell und den schweren Big Twins.

Was jedoch die Fahreigenschaften anbelangt, so handelt es sich keineswegs um einen faulen Kompromiss. Das Big-Twin-Triebwerk sorgt für gewaltigen Vorschub und die Fahrwerkskomponenten der Sportster für ein äußerst agiles Handling. Der neue Rahmen ist erstmals im neuen CAD-Verfahren entwickelt worden und verspricht dank erhöhter Verwindungssteifheit maximalen Fahrspaß vor allem in kurvigen Passagen.

Insgesamt 31 Millionen US-Dollar investiert Harley-Davidson in York, Pennsylvania, in neue Lackieranlagen, die 1992 in Betrieb genommen werden.

Ein weiteres Jahr später feiert die Company ihren 90. Geburtstag. Rund 100.000 Fans der Marke pilgern nach Milwaukee, um bei einer gigantischen Megaparty dabei zu sein. Den Höhepunkt dieses Spektakels bildet eine gewaltige Parade aus unzähligen Motorrädern, die quer durch die Stadt fahren.

1996 erwirbt die Company 49 Prozent von Buell, die sich darauf spezialisiert haben, sportliche Motorräder mit Harley-Motoren herzustellen. In Franklin, Wisconsin, wird das neue „Parts and Accessories Distribution Center" eröffnet. Nur ein Jahr danach werden das „Willie G. Davidson Product Development Center" in Wauwatosa, das Motoren- und Getriebewerk in Menomonee Falls sowie die neue Sportster-Produktionsstätte in Kansas City, Missouri, eingeweiht.

1989 erwirbt man die Aktienmehrheit an Buell und kann damit in Zukunft auch extrem sportliche Bikes anbieten. Längst hat man in den USA die Marktfüh-

Mit der „Dyna Glide Sturgis" fällt 1991 der Startschuss für eine neue Dyna-Generation.

rung bei den Motorrädern über 750 Kubikzentimetern Hubraum zurückerobert. Die Jahresproduktion beträgt nun mehr als 150.000 Einheiten.

In Europa treffen sich die hiesigen Freunde der Marke erstmalig, um am Faaker See in Kärnten das 95-jährige Firmenjubiläum zu feiern. Alljährlich findet hier seitdem in der ersten Septemberwoche die „European Bike Week" statt, die sich inzwischen mit über 100.000 Besuchern zum größten Motorradtreffen in der Alten Welt entwickelt hat.

1999 wird erneut ein neuer Big-Twin-Motor vorgestellt. Der „Twin Cam 88" verfügt nun über 1450 Kubikzentimeter Hubraum und zwei Nockenwellen. Das neue Triebwerk wird fortan in allen Dyna- und Touring-Modellen angeboten. Die Jahres-

produktion ist weiter steigend und liegt jetzt bei 177.000 Einheiten.

Zur Jahrtausendwende präsentiert das Unternehmen einen auf dem Twin Cam 88 basierenden „Twin Cam 88B". Bei dem „B" handelt es sich nicht, wie oftmals fälschlicherweise angenommen, um eine alphabetische Auflistung, sondern einzig um das Kürzel für „balanced". Der Twin Cam B verfügt über zwei gegenläufig rotierende Ausgleichswellen, welche die Vibrationen des Motors deutlich reduzieren. Das Triebwerk wird zukünftig in allen Softail-Modellen verbaut.

Rechts oben: Die „VR 1000" von 1994 ist ein echtes Superbike.

Rechts unten: Mann und Maschine (Heritage Softail, 1995) beim Sonntagsputz.

Oben: Das „Parts and Accessories Distribution Center" wird 1996 in Franklin, Wisconsin, eingeweiht.

Unten: Das „Willie G. Davidson Product Development Center" nimmt 1997 in Wauwatosa, Wisconsin, den Betrieb auf.

Oben: 1997 herrscht im
Sportster-Werk in Kansas
City bereits Hochbetrieb.

Unten: 1997 werden
im Werk in Kansas City die
fertigen Maschinen für die
Auslieferung vorbereitet.

Zum 90. Geburtstag der Motor-Company feiert ganz Milwaukee auf zwei Rädern.

Rechts oben: Der neue Twin Cam 88 steht auch der „Road King" von 1999 glänzend zu Gesicht.

Rechts unten: Auch die „Dyna Super Glide Sport" profitiert bei ihrem Debüt 1999 vom neuen Big Twin.

Die Softail-Modelle bekommen den neuen „Twin Cam B".

Harley-Davidson

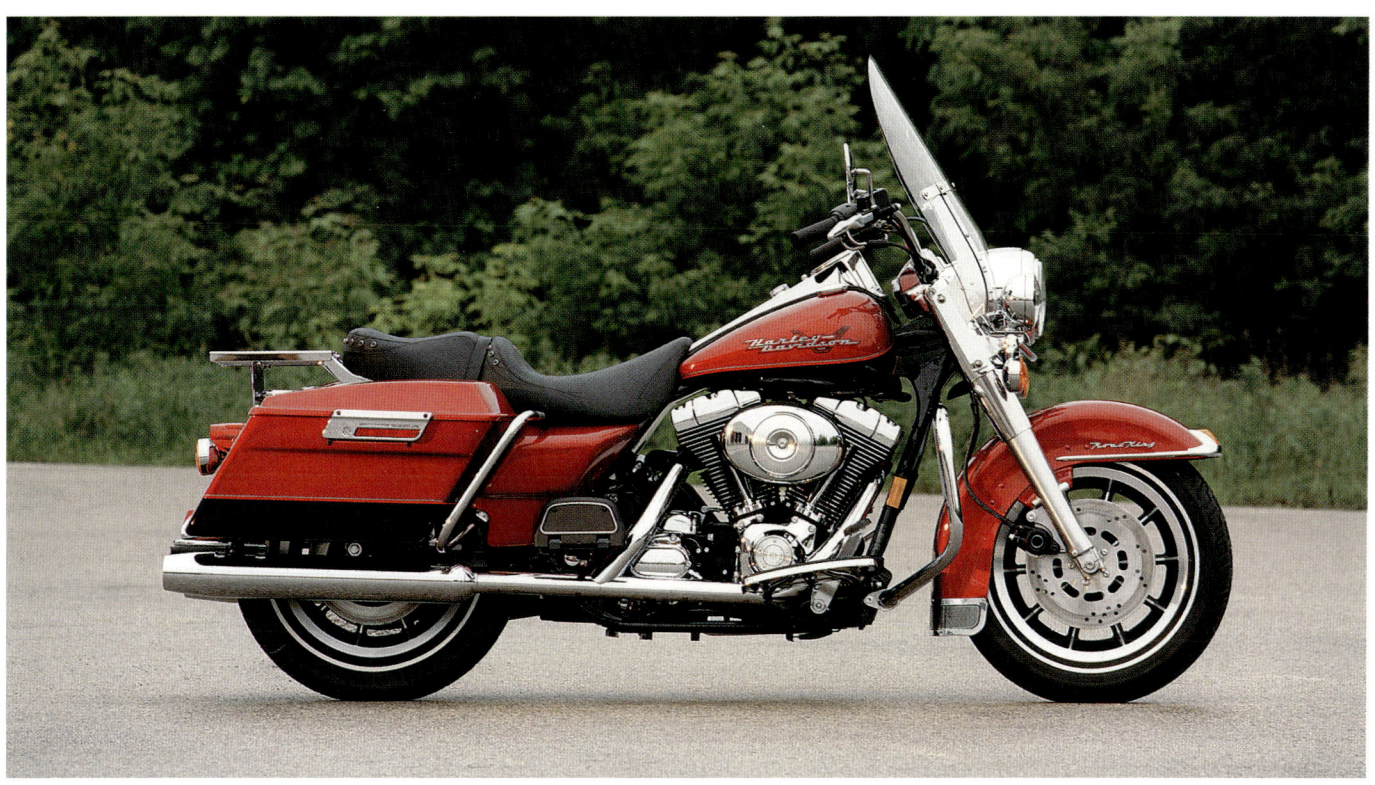

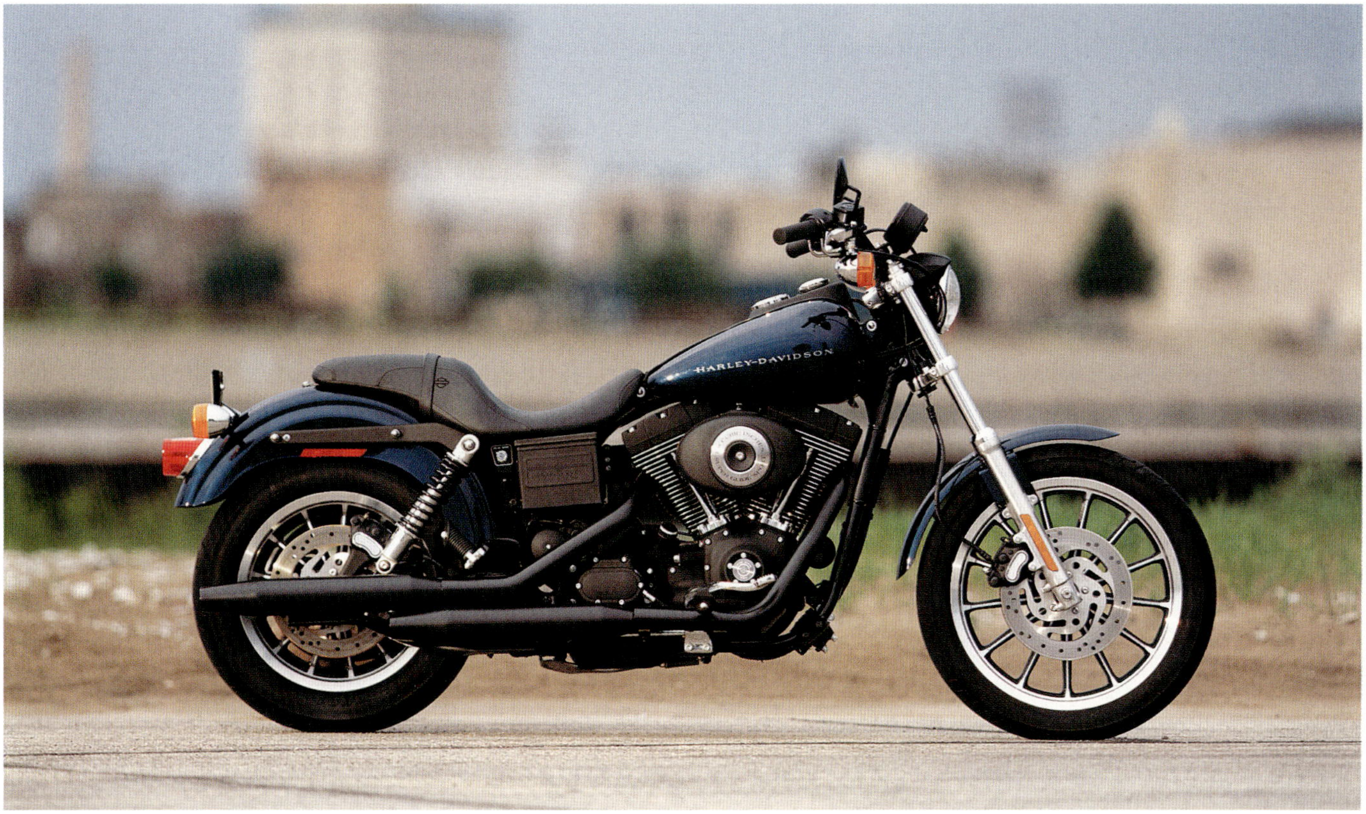
HARLEY-DAVIDSON

Die 2000 vorgestellte „Fat Boy" erfreut sich auch unter den Damen größter Beliebtheit.

Die „XL 883R" von 2002 weist enorme sportliche Qualitäten auf.

Die „Softail Deuce" von 2000 verfügt über ein klassisches, zeitloses Design.

Harleys Einsteigermodell von 2001, die „Sportster 883", wirkt schick und schnittig.

Oben: 2002 ist das Geburtsjahr der „Revolution"-Motoren.

Unten: Auch die „V-Rod" stammt aus der Feder von Willie G.

Willkommen im neuen Jahrtausend

Zu Beginn des neuen Jahrtausends fallen die Veränderungen an den klassischen Big Twins und an den Sportster-Modellen kaum merklich auf. Man beschränkt sich auf zahlreiche Detailverbesserungen für den 2001er-Jahrgang. Hierzu zählt eine elektronische Wegfahrsperre, die es Langfingern erschweren soll, sich den Traum einer eigenen Harley auf illegale Weise zu verwirklichen.

Die Produktionszahlen dieses Jahres sprechen eine ganz eigene Sprache und deuten darauf hin, dass man in Milwaukee einen guten Job gemacht hat. Insgesamt werden exakt 234.461 Harley-Davidsons und immerhin stolze 9925 Buells produziert. Nur ein Jahr später demonstriert die Motor-Company eindrucksvoll, dass sie immer für eine Überraschung gut ist, und lässt völlig unerwartet eine ganz besondere Katze aus dem Sack.

2002 präsentiert man voller Stolz einen spektakulären Power-Cruiser, die „V-Rod". Mit diesem Bike betritt die Company nicht nur völliges Neuland, sondern kreiert ganz bewusst eine neue Motorradgattung. „Die V-Rod hat das Herz eines Superbikes, das Styling einer Custom-Maschine und die Performance eines Dragsters", umschreibt der Vorstandsvorsitzende Jeff Bleustein den Charakter des Neulings.

Jedes einzelne Bauteil an dieser Maschine ist eigens für dieses Motorrad konstruiert worden. Das gilt insbesondere für den so treffend bezeichneten „Revolution"-Motor. Das bemerkenswerteste Merkmal des Antriebs ist die Tatsache, dass man erstmals in der Modellgeschichte den Zylinderkopfwinkel von 45 Grad verändert hat. Bei der V-Rod weisen die Zylinderköpfe einen Winkel von nunmehr 60 Grad auf. Der flüssigkeitsgekühlte Antriebsstrang ist mit vier obenliegenden Nockenwellen ausgestattet und stammt ursprünglich aus der Werksrennmaschine „VR 1000", mit der Harley an der US-Superbike-Meisterschaft teilnimmt.

Das Renntriebwerk ist im Porsche-Entwicklungszentrum in Deutschland zur Serienreife gebracht worden. Es ist randvoll mit moderner Technik, verfügt über eine Kraftstoffeinspritzung, Katalysator und 117 Pferdestärken, die es aus 1130 Kubikzentimetern Hubraum schöpft.

Die gesamte Maschine erscheint sehr lang, extrem flach und verblüfft doch mit einem erstaunlich einfachen Handling. Das gesamte Design stammt einmal mehr komplett aus der Feder des legendären Willie G. Davidson.

Es soll an dieser Stelle nicht unerwähnt bleiben, dass die V-Rod die Gemeinde der Harley-Fahrer in zwei Lager spaltet. Diese bestehen aus einem zunächst noch sehr geringen Anteil der Befürworter und den strikten Gegnern, die darin einen Verrat am traditionellen luftgekühlten 45-Grad-V2 sehen.

Die V-Rod wurde aber mit dem Ziel konzipiert, neue Käuferschichten zu erschließen, und das ist ihr, vor allem in der Alten Welt, geglückt. Inzwischen hat dieses neue Konzept in Europa zahlreiche Freunde gefunden und die anfänglichen Wogen haben sich deutlich geglättet.

Mit der V-Rod stellt Harley-Davidson ein vollkommen neues Motorenkonzept vor.

Oben: 2003 pilgern ungezählte
Fans in die USA, um den
runden Geburtstag der
Kultmarke zu feiern.

Unten: 100 Jahre Harley-
Davidson und Hundert-
tausende feiern mit.

Hundert Jahre Harley-Davidson

Das Jahr, in dem sich vier junge Pioniere einst anschickten, ein motorisiertes Zweirad zu bauen, liegt nunmehr 100 Jahre zurück. Hinter der Company liegen schwere Zeiten und wirtschaftliche „Ups and Downs".

2003 steht die Motor-Company so rosig da wie nie zuvor. Grund genug für das Unternehmen aus Milwaukee, einen gigantischen Geburtstagsmarathon zu starten, mit dem man sich auch bei den Fans der Marke für deren Treue bedanken möchte.

Die sogenannte „Open Road Tour" ist eine mobile Mega-Fete mit zwei Musikbühnen und drei großen Event-Bereichen, die innerhalb eines Jahres in Amerika, Australien, Japan und Europa Station macht. In Europa legt die Tour sowohl in Barcelona als auch in Hamburg einen Stopp ein.

Während die Party in der Baskenmetropole eher verhalten vonstatten geht, zeigen die Nordlichter, de-

nen man bisher ein eher unterkühltes Temperament nachgesagt hat, dass man in der Hansestadt sehr wohl ein Fest zu feiern versteht.

Drei Tage lang drängt sich Milwaukee Iron durch die Straßen Hamburgs und eine ganze Stadt feiert mit. Der Erfolg ist so überwältigend, dass aus dem einstigen Wiegenfest fortan mit den „Hamburg Harley Days" eine von der Company organisierte alljährliche Sause veranstaltet wird.

Mit einem weiteren großen Paukenschlag geht der Partymarathon zu Ende. In der Stadt, in der einst die unglaubliche Geschichte dieser Company ihren Anfang nahm, richtet Harley-Davidson eine letzte Geburtstagsparty aus, die noch einige Jahre nachhallen wird. Die Massen an Harley-Fahrern und -Sympathisanten, die 2003 aus allen Teilen der Erde nach Milwaukee pilgern, liegen nach Schätzungen im sechsstelligen Bereich.

Auch in Hamburg steigt eine gigantische Party.

Den runden Geburtstag nimmt Harley-Davidson zum Anlass, die gesamte Modellpalette als exklusive Jubiläumsedition aufzulegen.

Nach einem derart turbulenten Jahr sollte man davon ausgehen, dass nun erst einmal Ruhe einkehrt. Doch bereits die 2004er-Modellpalette wird von einer neuen Sportster gekrönt. Die neue Generation wird von einem Evolution-Sportster-Motor angetrieben, der in wesentlichen Bereichen gründlich überarbeitet worden ist.

Rechts oben: Das Emblem zum runden Geburtstag schmückt alle Modelle des Jahrgangs 2003.

Rechts unten: Eine „Electra Glide Classic" im Jubiläums-Trimm

Die 2006 vorgestellte „Street Bob" avanciert auf Anhieb zum Verkaufsschlager.

Rolling, rolling, rolling

Während die meisten Motorradhersteller seit Jahren über rückläufige Zahlen klagen, verhält es sich bei Harley-Davidson genau anders herum. Die Gründe hierfür sind in der Philosophie zu finden, die spätestens seit 1984 konsequent verfolgt wird. Dazu gehört vor allem, dass man seine Kunden nach dem Kauf nicht alleine auf dem „Asphalt" stehen lässt.

Ein Harley-Fahrer gehört unwillkürlich einer Gemeinschaft an. Und obwohl man kaum bestreiten kann, dass ein Bike aus Milwaukee durchaus teurer ist als viele Motorräder aus dem Land des Lächelns, fährt eventuell der Klempner von nebenan Schulter an Schulter mit seinem Zahnarzt. Soziale, einkommensbedingte Unterschiede sind innerhalb dieser Gemeinschaft aufgehoben.

Zudem verfolgt Harley-Davidson eine Modellpolitik, die nicht jedem Hype hinterherrennt. Die Modellpalette wird zwar stetig, aber eben mit Bedacht weiterentwickelt. Das hat zur Folge, dass eine Harley, im Gegensatz zu den Produkten vieler Mitbewerber, äußerst wertstabil ist. Der vergleichsweise kleine Gebrauchtfahrzeugmarkt lässt jedoch auch den Schluss zu, dass sich nur wenige Besitzer von ihrem Stück trennen, wenn sie der Virus einmal infiziert hat.

2005 feiert die Urmutter aller Cruiser einen runden Geburtstag. Die Fat Boy wird 15 und das veranlasst die Company, mit der „15th Anniversary Limited Edition Fat Boy" eine Sonderedition dieses Erfolgsmodells aufzulegen. 2006 wird zum Jahr, in dem die Dyna-Modellreihe ihre Renaissance erlebt.

Dem Grundprinzip, einer Mischung aus Sportster mit Big-Twin-Motor und eigenem Rahmenkonzept, ist man zwar treu geblieben, jedoch verbergen sich hinter der Fassade ungezählte neue Features. Unter anderem verfügt diese Baureihe nun über einen noch leistungsstärkeren Motor, einen neuen Rahmen, eine neue Telegabel sowie das neue Cruise-Drive-Sechsganggetriebe. Allen voran avanciert die neue „Street Bob" auf Anhieb zum unangefochtenen Verkaufsschlager.

Auf der Fachmesse INTERMOT in Köln stellt Harley-Davidson erstmals den Prototypen „XR 1200" vor. Dessen Design knüpft nahtlos an den legendären Dirt-Track-Racer XR 750 an. Die Fachpresse ist voll des Lobes und so fällt bald schon die Entscheidung, die „XR" serienmäßig zu produzieren.

Bis der Sportler allerdings endlich in den Showrooms der Händler steht, wird einige Zeit vergehen. Und während in Beijing Feng Huo Lun das erste Dealership in China eröffnet, gibt die Motor-Company bekannt, dass sie in Milwaukee ein großes Harley-Davidson-Museum errichten wird.

Links: 2007 wird der „Twin Cam 96" eingeführt.

Unten: Mit der „Night Rod Special" bekommt die „VRSC"-
Familie potenten Zuwachs.

Think bigger

Wodurch kann Hubraum ersetzt werden, außer durch noch mehr Hubraum? Diese Frage stellten sich auch die Motorenentwickler in Milwaukee, als sie den Big-Twin-Motor neu konzipierten. 2007 wird der neue „Twin Cam 96" (ohne Ausgleichswellen) und der „Twin Cam 96 B" (mit Ausgleichswellen) der Öffentlichkeit vorgestellt.

Obwohl der Motor, von außen kaum erkennbar, komplett neu konstruiert worden ist, handelt es sich immer noch um einen 45-Grad-V2, der nun aber über 1584 Kubikzentimeter Hubraum verfügt. „The sound is back", verkündet Bill Davidson, als er das neueste Kind in der Familie den Pressevertretern präsentiert.

Was der Sohn von Willie G. Davidson damit meint, erklärt sich mit einem Blick auf das aktive Ansaug- und Auspuffsystem. Dieses arbeitet mit einem Magnetschalter im Ansaugtrakt und einer Klappe im Auspuff, die je nach Vorgabe des Getriebes und der elektronischen Motorsteuerung zusätzliches Volumen in beiden Bereichen zuschalten oder abkoppeln können. Dieser Kunstgriff steigert sowohl die Leistung als auch das Drehmoment, sorgt aber auch für eine klare Unterschreitung der europäischen Emissionsgrenzwerte und beeindruckt zugleich mit dem versprochenen V2-Sound.

In allen Versionen wird der neue V-Twin mit dem Cruise-Drive-Sechsganggetriebe verbunden. Dessen enormer Vorteil besteht in einem lang übersetzten sechsten Gang, der für eine deutliche Reduzierung des Drehzahlniveaus sorgt. Zudem stellt man der V-Rod mit der „Night Rod Special" eine rabenschwarze und äußerst attraktive Schwester an die Seite.

Links oben: Die „Cross Bones" erscheint pünktlich zum 105. Wiegenfest.

Links unten: Bei der „Softail Rocker" von 2008 schwingt das Heck mit.

Hundertfünf Jahre großartige Motorräder

2008 wird Harley-Davidson stolze 105 Jahre alt und präsentiert sich jünger als jemals zuvor. Mit insgesamt sechs neuen Modellen demonstriert man einmal mehr, wie nah man am Puls der Zeit ist, wie präzise man den Geschmack seiner Fans treffen kann, ohne von Altbewährtem loszulassen. Die Softail-Baureihe wird durch die langgestreckten „Softail Rocker" und „Softail Rocker C" ergänzt.

Beide Modelle zeichnen sich durch den mitschwingenden Heckfender aus. Während die Softail Rocker ein ansehnliches Basismodell ist, bekommt die Rocker C einen ausklappbaren Soziussitz mit auf den Weg. Zudem wurde bei ihr ein feineres Oberflächenfinish gewählt, das an zahlreichen Parts und Covern aufwendig poliert und verchromt ist.

Im Gegensatz dazu ist die ebenfalls neue „Softail Crossbones" ganz im Stil des zurzeit angesagten Old-Style-Looks gehalten. Springergabel, Soloseat und matte Oberflächen mit feinen Linierungen, sogenannte „Pinstripes", unterstützen diesen Eindruck.

Der vierte Neuzugang hört auf den traditionsreichen Namen „Fat Bob" und bereichert fortan als charakterstarkes Mitglied die Dyna-Modellfamilie. Bei dem fünften Neuzugang handelt es sich um eine neue, matt und dunkel gehaltene Sportster. Die „Nightster" ist ein auf das Wesentliche reduziertes Bike im Neo-Retro-Look.

Mit der sechsten Neuvorstellung hat das Warten endlich ein Ende. Die seinerzeit auf der INTERMOT in Köln vorgestellte XR 1200 ist endlich serienreif und wird an die Händler ausgeliefert, die bereits über lange Listen an Vorbestellungen verfügen. Obwohl sich diese Maschine bauartbedingt nicht für

117

Die Rocker-Modelle haben einen völlig neuen Stil.

den Einsatz auf dem Dirt-Track eignet, ist doch unverkennbar, dass ihr die Gene der legendären XR 750 implantiert wurden. Mit ihrer beeindruckenden Performance, dem äußerst ansprechenden Design und letztlich auch durch einen äußerst attraktiven

Preis zielt dieses Bike bewusst auf ein junges Publikum ab.

Ebenso erstaunt die Tatsache, dass erstmals in der Unternehmensgeschichte ein Bike konstruiert wur-

Die neue Softail Rocker ist in zwei Versionen erhältlich.

de, das zumindest vorerst nur für den Einsatz auf europäischen Straßen gedacht ist. Es wurde sorgsam auf die hiesigen Straßenverhältnisse angepasst und eigens auf die Bedürfnisse der europäischen Käufer abgestimmt. Zusätzlich feiert Harley-Davidson sei-

nen 105. Geburtstag mit acht limitierten und nummerierten Sondermodellen, die über spezielle Jubiläums-Features verfügen.

Oben: Mit der „Fat Bob" bekommt die Dyna-Baureihe 2008 interessanten Nachwuchs.
Unten: Das Warten hat ein Ende, als 2008 die „XR 1200" in den Handel kommt.

Oben: Die „Nightster" ist ein auf das Wesentliche reduziertes Bike im Neo-Retro-Look.
Unten: In der XR 1200 stecken eindeutig die Gene der legendären XR 750.

Ein Blick in die Zukunft

Es gibt unzählige Überlegungsansätze und sogar wissenschaftliche Forschungsarbeiten, die zu ergründen versuchen, was die Menschen an einer Harley-Davidson fasziniert. Und wie so oft ist die Lösung des Rätsels simpler als gedacht.

Eine Harley ist ein Fortbewegungsmittel, das technisch auf das Wesentliche reduziert wurde. Für jeden halbwegs technisch begabten Menschen ist nicht nur verständlich, wie diese Maschinen funktionieren, sondern man kann es sogar spüren. Wer einmal das Vergnügen hatte, mit einem dieser hubraumgewaltigen V-Twins zu fahren, kann bestätigen, dass man mit jedem Kolbenschlag fühlt, wie er lebt. Es ist das, was seit langem mit dem klassischen „Potatoe-Potatoe"-Sound beschrieben wird. Harley fahren stimuliert die Sinne wie Hören, Sehen und Fühlen gleichermaßen.

Im Übrigen gilt es als erwiesen, dass alleine der Klang einer Harley-Davidson bei einem überwiegenden Teil der Menschen Sympathien weckt – unabhängig davon, ob er nun selber Motorrad fährt oder nicht. Umgekehrt haben heulende Vierzylinder und Zweitakter eine negative Signalwirkung und lösen unterbewusste Ängste aus.

In der Tat ist es so, dass der 45-Grad-Winkel aus der Sicht eines Konstrukteurs eher als suboptimal zu bezeichnen ist. Jeder Vierzylinder-Reihenmotor aus Fernost schnurrt tatsächlich deutlich gleichmäßiger und fährt wie von einer Schnur gezogen. Aber es ist gerade dieser Hauch des Unperfekten, der damit verbundene variierende Kolbenschlag, der die Menschen in den Bann zieht.

Inzwischen kann kaum noch jemand erklären, wie das Auto funktioniert, das in seiner eigenen Garage parkt. Ganz zu schweigen davon, dass nur noch wenige dazu in der Lage sind, selbst kleinere Reparaturen an ihrem Pkw auszuführen. Die Harley, die eventuell genau daneben steht, versteht man hingegen. Sie ist kein rein zweckmäßiges Fortbewegungsmittel. Kein Mensch schafft sich eine Harley an, um damit schnellstmöglich von A nach B zu gelangen. Eine Harley-Davidson ist ein puristisches Genussmittel, mit dem jeder Meter Asphalt, den man unter die Räder nimmt, auf eine unvergleichliche, eigene Art erfahren wird.

Aber die Tage des puristischen 45-Grad-V2-Motors sind gezählt. Es scheint nur noch eine Frage der Zeit zu sein, wann scheinbar willkürliche, strangulierende Emissionsgrenzen und sogenannte Lärmschutzmaßnahmen diesem Motorenkonzept ein Ende setzen. Die Grenzen des Machbaren scheinen mit den aktuellen Einspritzmodellen erreicht zu sein und lassen sich allenfalls noch mit ein paar weiteren Kunstgriffen verschieben.

Es ist erstaunlich, dass, wenn wir über Umweltschutz reden, zuallererst immer die motorisierten Fahrzeuge beanstandet werden. Dabei ist bekannt, dass diese, wohlbemerkt inklusive aller Pkws, nur für ein Prozent des schädlichen CO_2-Ausstoßes verantwortlich sind. Der Anteil, den Motorräder, explizit Harleys, daran haben, dürfte kaum messbar sein.

In Milwaukee ist man sich aber der ganzen Problematik bewusst und arbeitet bereits an Konzepten und Lösungen, um diesem Trend mit den passenden Produkten begegnen zu können. Der Revolution-Motor weist ebenso genau in diese Richtung wie der 2009 eingeführte und eigens von BRP-Rotax entwickelte 71-Grad-Helicon-Motor in der neuen Buell.

Bei beiden Antriebsvarianten handelt es sich um Maschinen, die mit faszinierenden Stärken punkten können, und man kann sicher davon ausgehen, dass sie auch langfristig ihre Freunde finden werden. Und doch bleibt zu hoffen, dass dem traditionellen V-Twin noch eine lange Überlebensdauer beschert sein wird.

Links: Arlen Ness gilt vielen als Urvater des Customizings. Hier posiert er mit seinem Sohn Cory, der bereits in die Fußstapfen seines Vaters tritt.

Rechts: Seit jeher werden Harleys umgebaut.

Die Customizer-Szene

Lange bevor der Kultfilm „Easy Rider" (1969) über die Leinwände flimmerte und damit spätere Generationen mit dem Chopper-Virus infizierte, wurden Harleys mehr oder weniger professionell umgebaut. Seit jeher ist der individuelle Auftritt einer Harley für nahezu jeden Besitzer eines Bikes aus Milwaukee Pflicht. Keine Harley gleicht der anderen und kaum eine befindet sich nach dem Kauf lange im Serienzustand.

Bis heute gibt es kaum ein Harley-Davidson-Treffen, bei dem eine Bike-Show – das ist ein Contest, auf dem die schönsten und besten Bikes prämiert werden – nicht den Mittelpunkt der Veranstaltung bildet. Anfangs haben die Jungs ihre Maschinen einfach nur „gechoppt", sie von allem überflüssigen Ballast befreit, um Gewicht einzusparen. So demontiert man beispielsweise das vordere Schutzblech, entfernt auch das hintere und setzt dort den geschwungenen Frontfender wieder ein. Schon bald werden die findigen Schrauber immer kreativer.

Zubehörlieferanten gibt es noch nicht und so werden aus Stuhlbeinen überlange Rückenlehnen, die „Sissybars", gefertigt und der Lenkkopf wird so weit gestreckt, dass eine überlange Gabel montiert werden kann. Mit der Zeit wird diese Szene immer professioneller und die Umbauten werden immer perfekter.

Außerdem kristallisieren sich aus dieser Szene Experten heraus, die es besonders gut verstehen, durch gezielte Umbaumaßnahmen ihren Bikes eine neue Optik zu verleihen. Heute ist Harley-Davidson untrennbar mit der „Custom-Szene" verbunden und beide profitieren voneinander. Man profitiert von der bunten Schrauber-Szene, die es immer wieder versteht, den US-Bikes einen individuellen Look zu verleihen oder sogar ganz und gar eigenständige Kreationen auf die Räder zu stellen. Und das, obwohl es inzwischen Custom-Bikes mit einem echten V-Twin als Basis gibt, bei denen nicht ein Bauteil, nicht eine einzige Schraube mit der Aufschrift „Made in the USA" versehen werden könnte.

Arlen Ness auf einem seiner ungewöhnlichen Bikes

Oftmals handelt es sich dabei nämlich um preisliche Alternativen, aber als Nonplusultra gilt natürlich auch weiterhin nur das Original aus Milwaukee.

In den Siebzigerjahren betritt ein junger Mann die Custom-Szene, der schon bald von dort nicht mehr wegzudenken sein wird. Am Anfang hockt der junge Arlen Ness noch in seiner Garage und schraubt zunächst nur an seinem Bike und an den Maschinen seiner Freunde herum. Seine Ideen werden mit der Zeit immer ausgefuchster und schnell zeichnet die Bikes, die aus seiner kleinen Werkstatt rollen, eine unverkennbare Handschrift aus. Die Nachfrage nach einem Bike von Arlen Ness steigt sprunghaft und schon bald lebt der findige Schrauber nur noch von derartigen Aufträgen.

Zur selben Zeit entstehen überall im gesamten Land ähnliche kleine Unternehmen, die sich auf dieses Thema spezialisieren. Motorradtreffen in Daytona Beach, Sturgis oder Myrthle Beach werden zu Pilgerstätten für Custom-Freunde. Wer es auf den hier stattfindenden großen Bike-Shows in der Platzierung unter die ersten drei schafft, darf sich zu den „Big Dogs" zählen. Und der Run auf die Jubelkelche, die hier verteilt werden, ist damals schon gewaltig.

Mittlerweile handelt es sich bei den wenigsten Custom-Bikes noch um umgebaute Harleys, sondern oftmals um komplett neu aufgebaute Show-Bikes mit einer individuellen Designlinie.

Rechts oben: Arlen und seine Bikes gelten den kommenden Generationen als Vorbilder.

Rechts unten: Bis heute baut der Urvater des Customizings Bikes auf.

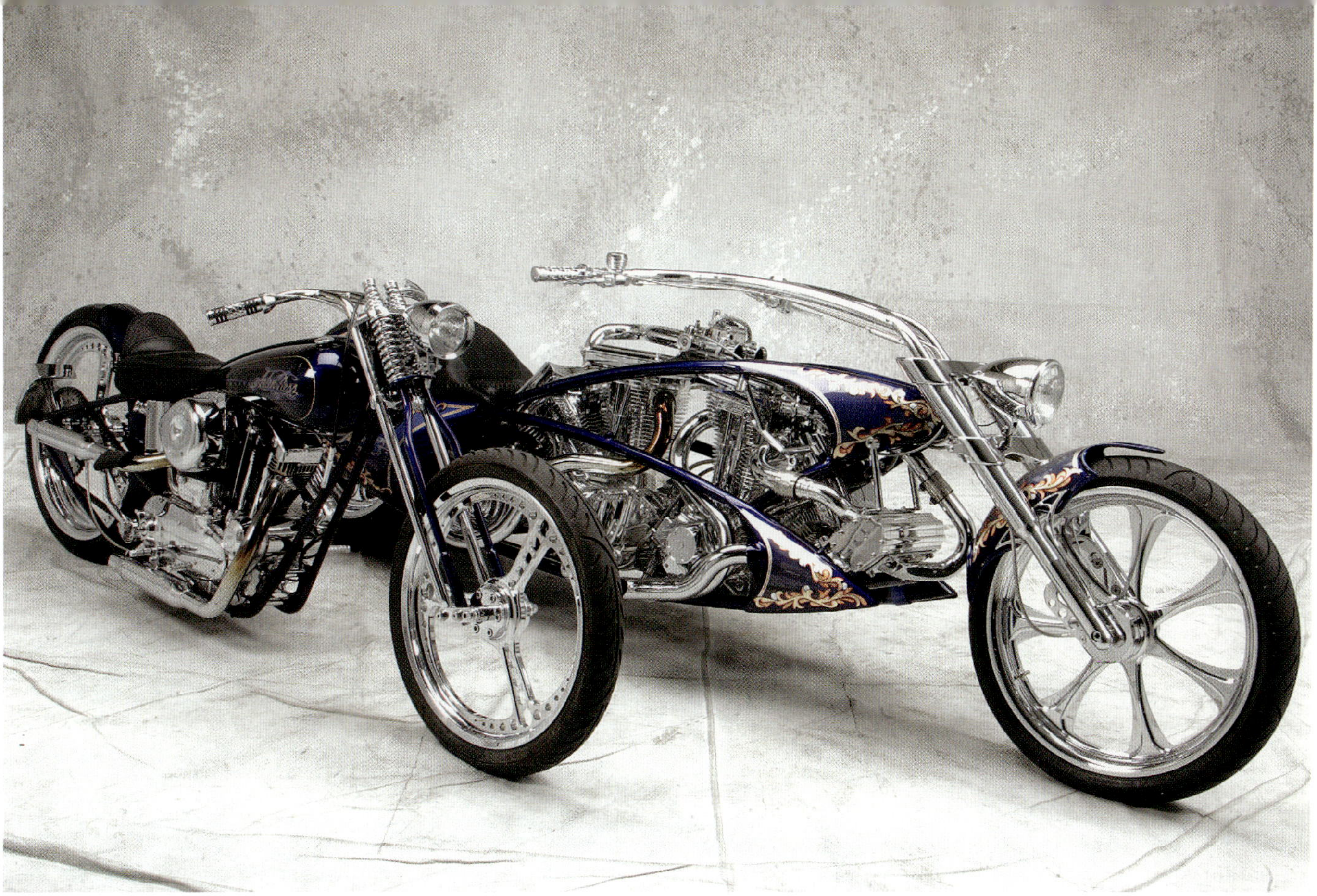

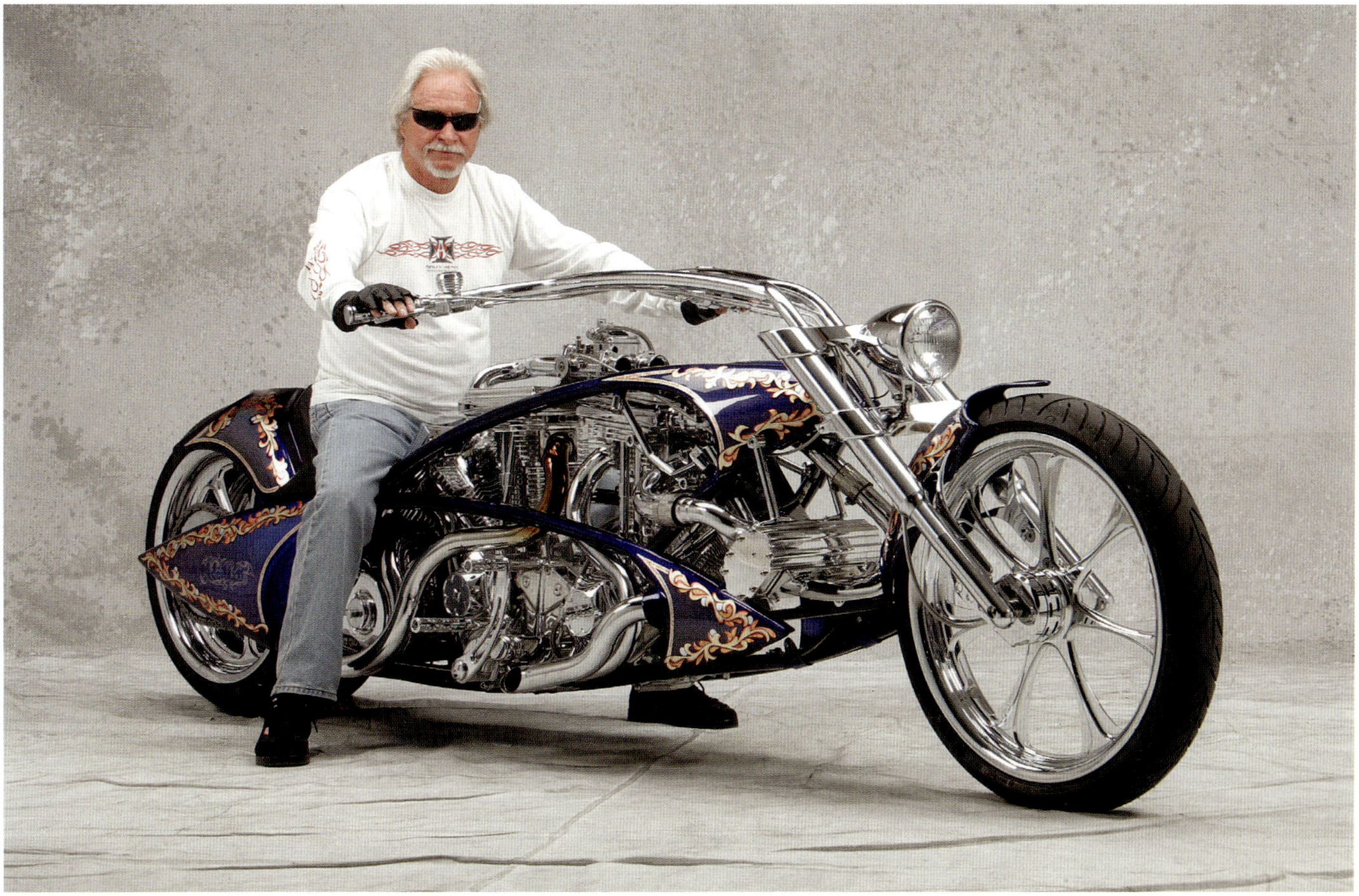

Während die Custom-Szene in den Vereinigten Staaten boomt, fängt sie in Europa gerade einmal an zu keimen. In Hessen, genauer gesagt in Jesberg, gibt es bereits seit 1982 die „Chopper-Schmiede". Hier werkelt ein blutjunger Fred Kodlin an Harleys, die er überwiegend selber nach Deutschland importiert. Die damals abgelieferten Umbauten deuten bereits an, dass hier jemand sitzt, der sein Handwerk versteht. Seine EVO-Umbauten mit einem für damalige Verhältnisse gigantischen 170er-Hinterrad sorgen schnell für ein gesundes Auftragspolster und fortan wird der noch weitgehend unbekannte Fred Kodlin als Geheimtipp gehandelt. Und natürlich hat es sich längst bis nach Hessen herumgesprochen, dass die wirklich prestigeträchtigen Preise nur auf den großen Shows im Heimatland von Harley-Davidson vergeben werden. 1990 baut der Jungspund zum ersten Mal ein Bike auf, das eigens zu dem Zweck entsteht, sich mit den Szenegrößen in den USA zu messen.

Dass es ihm auf Anhieb gelingt, den begehrten „Best-of-Show"-Pokal einzuheimsen, kann er nicht wissen, als er auf seiner Maschine auf das Showgelände rollt. Nach seiner Heimkehr mit dem gigantisch großen Pokal, den er sich zu Hause in die Vitrine stellt, verändert sich für den deutschen Sieger zunächst noch nicht viel. Es sollten erst noch einmal sechs Jahre vergehen, bis der Customizer erneut auf die Jagd nach dem begehrten Kelch geht. 1996 entsteht die „2 Fronts", ein reines Custom-Bike mit zwei vorderen Zylindern. Mit diesem Showstep-

Die „21R" von Fred Kodlin ist trotz ihrer ungewöhnlichen Geometrie fahrbar.

Fred Kodlins „JFK" – ein Meisterwerk des Motorradbaus

per im Gepäck reist er im Frühjahr des gleichen Jahres nach Daytona Beach.

Im Rahmen der „Daytona Bike Week" findet hier alljährlich die von „Big Daddy Rat" veranstaltete „Rat's Hole Custom Show" statt – damals die wohl wichtigste Show im Veranstaltungskalender, für die nicht wenige der angesagten Bike-Builder eigens ein Show-Bike auf die Räder stellen, um eine der begehrten Trophäen einzuheimsen. Am Ende ist die Überraschung groß, als der Gewinner des „Best-of-Show"-Pokals ausgerufen wird. Die damals so heiß begehrte Trophäe geht an den verrückten Deutschen, der sich damit nicht nur den Kelch, sondern auch die Anerkennung seiner amerikanischen Kollegen und der Weltpresse verdient.

„Fred Kodlin Murdercycles": Unter diesem Namen werden die ungewöhnlichen Custom-Bikes fortan in die ganze Welt verkauft. Dieser Name ist inzwischen in aller Munde. 1997 gelingt Kodlin der sogenannte Daytona-Coup mit der „F1" ein weiteres Mal. Als er dieses Mal sein Bike in die Show rollt, ist er längst kein Unbekannter mehr, sondern ein ernstzunehmender Mitbewerber, dessen Konkurrenz man fürchten muss. In den folgenden Jahren baut Fred Kodlin viele weitere Showstepper und entwickelt seine unverkennbare Handschrift: eine geschwungene Linienführung und die Reduktion auf das Wesentliche. Dabei verzichtet er nicht einfach auf die verschiedenen Komponenten, sondern lässt sie einfach nur aus dem Blickfeld verschwinden. Sein Meisterstück dieses „Versteckspiels" liefert er 2004 mit der „Shine" ab. Dieses Kunstwerk verfügt weder über Radnaben noch über einen sichtbaren Sekundärantrieb. Sie scheint förmlich auf ihren Rädern zu schweben – aber sie fährt.

Kodlins Murdercycles stehen für durchgestylte Hightech-Kreationen, zu 100 Prozent von Hand gefertigte Konstruktionen, die bis ins letzte Detail durchdacht sind und mit ungezählten Detaillösungen aufwarten.

Kaum einer registriert jetzt noch, dass der unschlagbare „King of Customizing" längst wieder zu seinen Wurzeln zurückgefunden hat. Neben seinen giganti-

schen Aufbauten beschäftigt er sich nach der Jahrtausendwende wieder mehr und mehr mit der Verschönerung von Harleys Serienfahrzeugen. So sind in den letzten Jahren ungezählte Parts für den „kleinen Mann" entstanden, jenen Biker, dem der Hesse seit jeher am nächsten stand.

Vielerorts in der Alten Welt machen sich begabte Schrauber daran und schlagen einen ähnlichen Weg wie Fred Kodlin ein. Und tatsächlich gelingt es einigen von ihnen auch, hin und wieder eine der Trophäen nach Europa zu holen. Die unvergleichliche Erfolgsstory des Hessen lässt sich in dieser Form jedoch kein weiteres Mal wiederholen.

Marcus Walz gilt als Shootingstar einer neuen Generation. Hier plaudert er mit Hollywood-Beau Brad Pitt.

Um die Jahrtausendwende macht dann jedoch ein junger Bike-Builder von sich reden, der einen vollkommen neuen, eigenen Weg einschlägt. Marcus Walz kommt eigentlich aus der Motocross-Szene, in der er bereits in den Achtzigern sehr erfolgreich unterwegs gewesen ist. Irgendwann beginnt er in einem alten Pferdestall an Harleys herumzuschrauben. Von Anfang an orientiert er sich nicht an irgendwelchen Vorbildern und deren Bikes, sondern verwirklicht seine eigenen Ideen.

Dieser neue, eigenwillige Stil stößt bald schon auf das Interesse der lokalen Szene. Vorerst sind es die Biker aus der Gegend um Hockenheim, die ihm ihre Fahrzeuge in der Hoffnung anvertrauen, ein unverwechselbares Einzelstück zurückzubekommen.

Schon bald steigt sein Bekanntheitsgrad bis weit über die lokalen Grenzen und die Auftragslage explodiert derart, dass er wenig später den Schritt in die Selbständigkeit wagen kann. „Walz Hardcore Cycles" nennt der Jungunternehmer ab 1993 seine frisch gegründete Firma und eine unaufhaltsame Erfolgsstory nimmt ihren Lauf. Marcus Walz erkennt schnell, dass Umbauten von OEM-Bikes niemals vollkommene gestalterische Freiheit bedeuten können. Um die eigenen Vorstellungen von einem Custom-Bike umsetzen zu können, bedarf es also eines

Der Hockenheimer gestaltet nicht nur Motorräder.

Zu den Kunden von Marcus Walz gehören auch Persönlichkeiten aus dem Rennsport, wie hier der Formel-1-Fahrer Kimi Räikkönen.

eigenen Rahmens als Basis. Bereits 1998 entwickelt er sein eigenes Rohrwerk, den „Dragstyle-Frame". Der extrem flach bauende Rahmen wird eine völlig neue Stilrichtung einläuten.

Ein „Hardcore Cycle" ist damit selbst für einen Laien auf Anhieb von allen anderen zu unterscheiden. Die Bikes, die fortan auf dieser Basis entstehen, schaffen immer wieder den Sprung auf die Titelseiten der weltweit angesagtesten Fachmagazine. Die Bikes sind eindeutig anders und Marcus Walz ist ebenfalls selbst anders als der Rest der Custom-Szene. Er polarisiert, aber er spaltet nicht. Vielmehr gelingt es ihm, dem Customizing neue Impulse zu verleihen

und Menschen für ein Thema zu begeistern, die dieser Leidenschaft zuvor nicht zugeneigt waren.

Zu seinen Kunden zählen inzwischen namhafte Persönlichkeiten wie Kimi Räikkönen, Gerhard Berger und Axel Schulz sowie Hollywoodstars wie Brad Pitt, die sich ihren Traum auf zwei Rädern in Hockenheim verwirklichen lassen. Inzwischen ist der Name der Edelschmiede längst Programm und um das Unternehmen hat sich ein ganz eigener „Hardcore"-Kult entwickelt, der vor allem in Amerika, aber auch in Deutschland immer mehr Anhänger findet. Den Erfolg auf der anderen Seite des großen Teiches verdankt der Hockenheimer zwei glücklichen Be-

Der Dragstyle-Rahmen baut extrem flach.

gebenheiten. In den Jahren 2004, 2005 und 2006 wird Walz zur „Artistry in Iron" nach Las Vegas eingeladen, um dort an der im Rahmen des „Las Vegas BikeFest" stattfindenden Show teilzunehmen. Bike-Shows für jedermann haben den Designer nie interessiert, in Las Vegas dabei zu sein ist aber nur mit eben dieser Einladung möglich und somit an sich schon eine Ehre, die er kaum ausschlagen kann.

Einen weiteren Meilenstein in der Firmengeschichte bildet die Teilnahme am amerikanischen „Biker Build-Off". Hierbei handelt es sich um eine vom Discovery Channel produzierte TV-Show, die in den Staaten höchste Einschaltquoten erzielt und Kult-

status genießt. Die Handlung besteht im Kern aus zwei ausgesuchten Bike-Buildern, die gegeneinander antreten und parallel ein Custom-Bike aufbauen. Der Zuschauer bekommt anschließend die Gelegenheit, mit seiner Stimmabgabe den Favoriten zu bestimmen. Marcus Walz ist der erste nicht in Amerika lebende Bike-Builder, der zu dieser Show eingeladen wird. Damit gelingt es ihm, über Nacht einen gigantischen Bekanntheitsgrad bei der breiten Masse zu erzielen.

Die Sensation ist perfekt, als Marcus aus diesem Duell als eindeutiger Sieger hervorgeht. So avanciert er außerdem zum ersten Nicht-Amerikaner, dem diese Ehre zuteilwird. Das „Walz Hardcore Cycles"

Der „Iceman" Kimi Räikkönen ließ sich sogar ein weiteres Bike von Marcus aufbauen.

ist heute ein wirtschaftlich äußerst erfolgreiches Unternehmen, das in vielen Metropolen auf der ganzen Welt auf eigene Niederlassungen verweisen kann.

Und obwohl Marcus Walz und sein Team noch lange nicht den Gipfel des Erfolges erreicht haben, plant der aktive Unternehmer bereits ein weiteres Projekt. Mit seinem neu gegründeten Unternehmen „Walzwerk" will er seine ungezählten anderen Interessenschwerpunkte publik machen. Marcus interessiert sich längst nicht nur für US-V-Twins, sondern

auch für zahlreiche andere Kultfahrzeuge. Aber das ist eine ganz andere Geschichte ...

Ganz am Anfang dieses Kapitels haben wir bereits erwähnt, wie eng die Harley-Davidson Motorcycle Company mit der Custom-Bike-Szene verbunden ist. Dass es sich bei dieser Feststellung nicht um eine einfach so dahergesagte Behauptung handelt, beweist ein weiteres Unternehmen besonders eindrucksvoll. In Hamminkeln am Niederrhein findet man eines der zahlreichen Dealerships der Company. Und natürlich kann man hier jede aktuelle Harley sowie das gesamte Zubehörprogramm der Factory nebst passender Bekleidung erwerben. Das macht „Thunderbike", wie sich der Store nennt, jedoch noch keinesfalls zu einer Besonderheit. Als kleine Ungewöhnlichkeit könnte man erwähnen, dass die Jungs um Andreas Bergerforth ihre Tore als offizieller Vertragshändler der Marke Harley-Davidson erst kurz nach der Jahrtausendwende geöffnet haben und heute schon zu den erfolgreichsten Niederlassungen unter den deutschen Vertretungen zählen.

Das allein reicht aber längst noch nicht aus, um an dieser Stelle eine Erwähnung zu finden. Den Eintrag in diesem Buch haben sich die „Thunderbiker" mit ihrem ungewöhnlichen Gesamtkonzept verdient: Unter dem Firmennamen werden in Hamminkeln nämlich zusätzlich allerfeinste Custom-Bikes auf die Räder gestellt. Den Niederrheinern ist es gelungen, pünktlich zur Unternehmensgründung ein gigantisches Show-Bike zu präsentieren, das für stehende Ovationen der gesamten Fachpresse sorgt.

Dem Team um Andreas Bergerforth gelingt der Sprint an die Spitze der Customizer in Rekordzeit.

Die „Spectacular" wird ihrem Namen in jeder Beziehung gerecht. Sie ist extrem flach und kann durch ein eigens entwickeltes Airride-System sowohl das Frontend als auch das Heck auf das jeweils gewünschte Niveau pumpen. Jedes einzelne Teil an ihr wird von Hand eigens für dieses Bike gestaltet und angefertigt. Alle einzelnen Bauteile scheinen zu einer Linienführung zu verschmelzen, die das Gesamtkonzept dieses Showsteppers ausmacht. Dabei geht es nicht darum, ein Bike mit optimalen Fahreigenschaften zu kreieren, sondern einzig darum, die eigenen Designvorstellungen umzusetzen und die handwerklichen Fähigkeiten zu demonstrieren.

Das Bike setzt zweifellos einen neuen Maßstab in dieser Branche. Ein ganzes Jahr harte Entwicklungsarbeit wird schließlich mit dem Titel des Europameisters im Custom-Bike-Building belohnt, mit dem das ungewöhnliche Projekt-Bike ausgezeichnet wird.

Seit dieser Premiere entstehen in Hamminkeln regelmäßig Bikes, die an die Erfolge des Erstlingswerkes

Mit der „Open Mind" gewinnt Thunderbike 2008 ein weiteres Mal die Europameisterschaft für Custom-Bikes.

anknüpfen. Diese Bikes dienen oftmals nur dem einen Zweck, neue Designlinien auszuprobieren und die Prototypen zu testen. Werden sie für gut befunden, findet man sie nur wenig später im Katalogprogramm der Edelschmiede wieder. Mit Stolz können die Jungs um Andreas Bergerforth inzwischen auf Europas umfangreichsten Teilekatalog mit Parts aus eigener Fertigung verweisen, die allesamt für Harleys und Custom-Bikes entwickelt werden.

Natürlich ist Thunderbike nicht kurz nach der Jahrtausendwende wie ein Phönix aus der Asche gestie-

gen. Die ersten Gehversuche im Custom-Bike-Bau hat man bereits Mitte der Neunziger mit Bikes japanischer Herkunft unternommen. Das allerdings schmälert den Respekt, den sich Thunderbike in Rekordzeit verdient hat, in keiner Weise. Zu Anfang des neuen Jahrtausends leben bereits weit über 500 Unternehmen alleine in Deutschland vom Umbau amerikanischer V-Twins beziehungsweise vom Aufbau komplett eigenständiger Bikes. Zulieferunternehmen wie Custom Chrome Europe, W&W und Zodiac verzeichnen sechsstellige Umsätze und die Tendenz ist langfristig weiterhin steigend.

Der Chef von Thunderbike demonstriert gern, dass die Custom-Bikes aus seiner Edelschmiede auch tatsächlich fahrbar sind.

*Harley-Fans findet man in allen
Altersgruppen ...*

We are Family

Dass die Motor-Company heute genau das ist, was sie ist, verdankt sie in erster Linie ihren ebenso ungewöhnlichen Anhängern. Wir sprechen an dieser Stelle ganz bewusst nicht vom Kunden, denn die Bikes bekommt man bei Harley-Davidson als Gratiszugabe.

Noch treffender hat es einst Willie G. auf den Punkt gebracht, als er zum Besten gab, dass man „bei Harley-Davidson ein vollkommen neues Lebensgefühl erwerben kann, das Motorrad gibt es gratis dazu".

Ein nicht nur marketingtechnisch interessanter Satz, sondern vielmehr einer, in dem viel Wahres steckt. Das Lebensgefühl, von dem hier die Rede ist, empfindet jeder Harley-Freund auf seine ganz individuelle Weise, die Gemeinschaft jedoch genießen alle gleichermaßen.

Organisiert ist diese Gemeinschaft in der „Harley-Davidson Owners Group", oder kurz H.O.G., jener Vereinigung von Harley-Fahrern, die 1984 ebenfalls von Willie G. Davidson ins Leben gerufen wurde. Mit der Gründung von H.O.G. Europe kam diese Idee 1991 dann auch auf unseren Kontinent.

Mittlerweile zählt die H.O.G. rund um den Erdball über eine Million Mitglieder und die Tendenz ist weiter steigend. Der tiefere Sinn dieser Gemeinschaft besteht darin, den Kontakt und den Austausch der Harley-Davidson-Fahrer untereinander zu fördern.

Mitglied in der H.O.G. zu sein bedeutet aber auch, sich mit Gleichgesinnten zu treffen, gemeinsame Ausfahrten zu planen und zu erleben – oder kurz gesagt, die alle vereinende Leidenschaft zu pflegen.

Dies geschieht sowohl auf lokaler als auch auf nationaler und sogar internationaler Ebene. Auf regionaler Ebene sind die Mitglieder sogenannten lokalen Chaptern (lokalen Vereinigungen) angeschlossen, die von der H.O.G. in besonderem Maße unterstützt werden. Die Aufgabe der einzelnen Chapter liegt in

Harley fahren verbindet.

der Förderung des Motorradfahrens als Freizeitsport und in der Pflege eines engen Verhältnisses zwischen Harley-Davidson-Fahrern, den autorisierten Händlern und natürlich der Firma Harley-Davidson.

Zudem organisieren sie vielfältige Veranstaltungen auf lokaler und regionaler Ebene wie Seminare,

Orientierungsfahrten, Besichtigungen und Feiern, die sich zumeist durch eine sehr familiäre Atmosphäre auszeichnen.

Überall auf der Welt finden das gesamte Jahr über Harley-Davidson-Treffen statt, die nicht selten Hunderttausende von Fahrern und Fans zusammen-

Während der European Bike Week strömen alljährlich bis zu 100.000 Biker an den Faaker See in Kärnten.

führen. Weltweit existieren zurzeit rund 1400 H.O.G.-Chapter.

Natürlich handelt es sich hierbei auch um ein geniales Marketingkonzept, vor allem aber hat die Company so immer ein Ohr direkt an der Basis. Mitglied dieser sehr aktiven sozialen Gemeinschaft wird man automatisch mit dem Kauf einer Harley-Davidson für die Dauer eines Jahres. Die Mitgliedschaft kann dann auf Wunsch auf ein weiteres Jahr oder sogar auf Lebenszeit verlängert werden.

Das Geheimnis hinter den Kürzeln

F Big-Twin-Motor
X 19" oder 21" Vorderrad
D Dyna
C Custom
L Low Rider
F Fat Bob
B Street Bob

z. B. FXDL = Dyna Low Rider

Softail
F Big-Twin-Motor
L 16" oder 17" Vorderrad, wuchtige Gabel, Trittbretter
X 19" oder 21" Vorderrad, schlanke Gabel, Fußrasten
ST Softail
B Night Train („B" wegen des Vorgängers „Bad Boy")
C Classic oder Custom
N Deluxe („N" wegen des Vorgängers „Nostalgia")
F Fat Boy
W für wide = breit, wegen des 240er Hinterreifens

z. B. FLSTF = Fat Boy

Touring
F Big Twin Motor
L 16" Vorderrad, wuchtige Gabel, Trittbretter
HT Highway Touring
C Classic
U Ultra
R Road King
X Street Glide

z. B. FLHTCU = Ultra Classic Electra Glide

VRSC
V V-Twin-Motor
R Racing
S Street
C Custom
AW A für V-Rod, W für wide tyre = breiter Reifen
DX D für Night Rod, X für Special

z. B. VRSCAW = V-Rod mit Breitreifen

Sportster
XL Experimental Lightweight
C Custom
R Roadster
L Low
N Nightster
883/1200 Hubraum in cm^3

z. B. XL 1200 N = Sportster 1200 Nightster